U0232558

绿手指日本盆景大师系列

黑松盆景
造型实例图解

[日]近代出版株式会社 编　贺寅秋 译

长江出版传媒 湖北科学技术出版社

黑松盆景

造型实例图解

目录

切芽篇

切芽技法的精髓 …………………………………………………………… 2
成型树标准的二次切芽 …………………………………………………… 4
半悬崖成型树 国风展作品的三次切芽 ………………………………… 8
半完成造型树 切芽实践的应用 ………………………………………… 13
文人古树 为了保护枝叶内侧芽的切芽 ………………………………… 17
日本专家公认的切芽时期以及之后的管理诀窍 ……………………… 20
实例介绍 较迟的切芽也能出好的作品 ………………………………… 21
验证实验 因切芽时期的早晚带来的叶长变化 ………………………… 26
疏叶的方法——去除旧叶 调整新叶 …………………………………… 28
切芽后让树休息的方法 …………………………………………………… 31
树木养成 基础制作阶段的切芽 ………………………………………… 34

移栽篇

将健康的树木进行周期性的移栽 ………………………………………… 42
将长期放置的树木移栽 …………………………………………………… 45
老树移栽的同时进行根部修整 …………………………………………… 49
悬崖树的移栽 修复干枯的上根部 ……………………………………… 52
枯萎的老树 力求树势恢复的移栽 ……………………………………… 54
附录 黑松盆景的用土 …………………………………………………… 58

管理篇

制作黑松枝的年周期 切芽前后的制作 ………………………………… 62
保持树健康的秘诀 黑松培养管理基础 （浇水、肥料和棚场） ……… 65
保持树健康的秘诀 病虫害对策 ………………………………………… 68

综合整形篇

追踪一年 改为文人树的制作 …………………………………………… 72
原生直干 从去枝开始展现古木感 ……………………………………… 79
充实枝叶内侧的修剪整形 ………………………………………………… 84
粗干型树 新树素材的基础制作 ………………………………………… 87
追踪 5 年 嫁接的老树重生 ……………………………………………… 92

维护改造篇

标准老树的改造 决定正反面互换的理由 ……………………………… 98
标准老树的改造 修剪不足的老树通过切除树冠实现新生 …………… 102
奇特老树的改造 实现从大型盆景缩小到中型盆景的修剪 …………… 106
双干盆景 体现时代感的除枝 …………………………………………… 110
将普通的直干素材改造成主干弯曲的盆景 …………………………… 115
30 年的原始素材进行集中栽培 ………………………………………… 116

八房品种篇

探寻八房品种的魅力 ……………………………………………………… 118
八房品种的疏叶案例 ……………………………………………………… 120
八房品种直干树形的去枝案例 …………………………………………… 122
从短叶品种'寿'来看小枝的疏枝 ……………………………………… 124
黑松八房培养管理的要点 ………………………………………………… 125

过去由于黑松是四季常绿的树，因而它被当作吉祥之物受到尊崇。但是作为盆景，尽管树干和叶子极具魅力，黑松却依然没有什么人气。一个原因是它被视为随处可见的一般树种；另一个原因是其叶子太长不易打理，同时也因同为松柏类的锦松更受人喜爱，而影响了黑松盆景的发展。为了增加黑松的观赏性，可以用将叶子变短、延长移栽时间、限制肥料和水等方法来使其形状变瘦，但这样黑松叶子所独有的刚直魅力就无法发挥出来，反而不如叶子更短的五叶松、虾夷松和真柏更受人喜爱。

黑松盆景在 1926 年前后迎来了转机，起因是铃木佐市大师（初代大树园）和加藤明（前任丸新东华园）所开发的切芽技法。之后铃木大师和加藤大师并没有将此切芽技法密而不传，而是传授给了其他更多的盆景专家，在日本各地广泛流传。这种技法经过不断改良，时至今日仍被使用。

短叶法、芽力平均化

如今被称为"切芽"的技术，已成为制作和维护黑松盆景的核心技术。其目的可以大致分为三个方面，包括将叶子的长度变短，找齐芽力（芽力平均化），将芽的数量增加。前者通俗一点来讲被称为"短叶法"，所谓切芽主要就是指"短叶法"。

然而主流的正确方法是在成品阶段或是在维护已完成的盆景时，找齐短叶从而提升鉴赏价值。新树与重新被改造的树木等在养护阶段，伴随着树枝数量增加而实现芽力的平均化，其主要手段也可以叫做"活用做枝法"。

当然，"短叶法"中包含了芽力平均化的操作，而在"活用做枝法"的养护阶段，切芽对附属的短叶也有停止生长的效果。因此使用哪种方法能够更好地达到目的，在成品阶段就要考虑。

切芽是众多判断的综合

切芽的操作流程极其简单，将春季刚长出的新芽，在初夏的时候切掉使其二次出芽，到秋季将二次芽伸展的叶子剪短就可以了。然而何时切芽、切哪个芽、切一次芽还是切两次芽的判断比较难掌握。还有在切芽前后进行的旧叶调整、新叶调整、除芽、去除旧叶等操作，在树的制作阶段，需要根据自己的需求选择合适的操作。一般来说，同等程度的树，其成品阶段的切芽相同处是很多的，但是每一棵树在细节上还是有所不同的。由于每年气候的不同，切芽的效果也会不一样。

虽然理论上来说切芽非常简单，但是实际操作起来会非常复杂。

一般的常用做法是只切强芽，或一次就将所有的芽切掉，被称为"一次切芽"；将整体分为强芽和弱芽，首先只切弱芽，在切芽后 7~10 天，再将强芽切除，被称为"两次切芽"；将整体分为强、中、弱三种芽，从最弱的芽开始进行剪切，每隔 7~10 天进行下一强度的切芽，被称为"三次切芽"。

如欲掌握这些切芽技法，积累经验尤为重要，随意切芽不会有好效果。在操作过程中，时刻把操作和所要达到的目的结合起来，之后确认结果非常重要。在反复的操作中对细节下功夫，才能够掌握切芽的诀窍。

切芽篇

切芽技法的精髓

树高 62cm，盆为古渡乌泥长方，出品者为冈山市的大岛健资，收藏者为仓敷市的齐藤晃久。
第 39 届日本盆景作风展内阁总理大臣奖获奖作品。

　　这棵黑松是 2013 年第 39 届日本盆景作风展中获得最高奖的作品（所有评审都通过的最优秀作品才可能获得内阁总理大臣奖）。它的树龄据说很古老，树干枝条的时代感极强。这盆盆景不仅拥有巨大的树干，且树枝的布局也非常绝妙，展现出其高贵的品格。

　　然而这棵树能在作风展上获得最高奖的原因却不止如此，它不仅树干出色，而且枝叶的处理也相当绝妙。每一枝条出入合理，协调地排列在树冠两侧；枝叶与树干完美结合，雄壮而不失高雅。这是大岛健资老师（明树园）在树木管理上高超技术的体现，可以说这个作品是难得的树干与枝叶完美结合的杰作。

　　这棵在作风展上出品的树所使用的切芽方法是，无论强弱，将所有的芽一次切掉，被称为"一次切芽"。这是之前大岛老师的师傅铃木俊则老师（前代大树园，已故）在命名为"不动"和"高砂"的盆景上所用的技法，这些技法曾在众多黑松名树上被使用。当然，这也是实施了近乎完美的肥料培育管理和芽力平均化技法的结果，可以说是切芽技法的精髓。大岛老师之所以会选择"一次切芽"，是因为平日里他都在细心地管理与维护。

　　当然不是每棵树都适合"一次切芽"的技法，是否使用这种技法，亦难以判断。因此这种技法不适用于业余的盆景爱好者。然而大家可以将"一次切芽"当成自己钻研的目标，等彻底掌握了切芽技法后，才可以在自己喜爱的树上实施"一次切芽"。

①以前的样子（1973 年第 47 届国风盆景展上展出时）。

② 2013 年 6 月中旬时的样子。春季在埼玉市大宫盆景美术馆展出后，又被移回到这个木箱里。

③同年 7 月切芽之前。与 6 月的时候相比，叶子的颜色变淡了，是因为这期间，做了细致的疏叶作业（旧叶）。

④切芽后。"一次切芽"后，又进行了二次芽的整理和摘取旧叶，同时也换了盆。这是在作风展上展出时的作品。

⑤切芽之前。根据每个芽的强弱，进行旧叶调整。

⑥切芽之后。切除旧叶边缘的新芽。

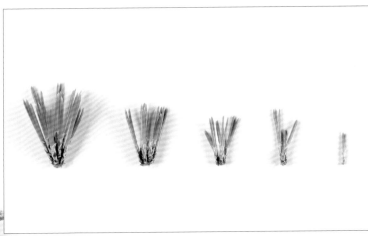

切除的芽样本。
从下枝与枝叶内侧的一些弱小的芽，到枝头和树冠的强力芽均一次切除。秋季长出二次芽时，其叶长就变整齐了，形成展出获奖时的叶姿，若没有高超的技术是做不到的。

切芽作业时的大岛老师（左）和齐藤老师（右）。

3

切芽之前的准备工作：减少叶子的芽力调整

这棵树已经在鉴赏阶段，可以称之为成形树了。在修整枝条的同时不打乱树形是这个阶段维护的主要目的。

将一小部分弱小的（落下的枝的左下枝等）去除，就能保证全体的芽力平均化，同时也消除了芽力间极端的差距。然而为了保持树冠和枝头等强力的部分与下枝和枝叶内侧之间芽力的差距，像这样在成型树上的切芽被称为"短叶法"，短叶法一般都要实施"二次切芽"。

关于这棵树的相关操作：首先在5月，就要实施疏叶的工作，将旧叶（去年2月二次芽长成的叶子）按芽力对应去除。基本上是以弱小的芽为基准，将其叶数与其他强力芽的叶数相配合作为要领进行操作。疏叶可抑制强力芽并增强弱小的芽，对于芽力平均化起到不小的作用。

操作前正面。
树高78cm，5月12日的状态。在春天芽生长约一个月后，新叶长开，就会变为现在的状态，也就是说叶子已经固定了。在这个时候芽的力量才会成长，直到切芽时期之前，都要将盆景放置在阳光充足的地方，生长效果会更加明显。如果只是放在一旁，芽力将不会显著增长，最后芽之间的强弱程度将会增大。本来日照好的部分，如树冠部和枝头等地方树势会很强，而下枝和枝叶内侧，树势就会很弱。为了防止两种因素重合而带来的芽之间强弱差距的扩大，在固定叶子时就要进行疏叶的新叶调整。

减少叶子之后。
在芽力偏弱的左下枝和枝叶内侧，基本上不做任何操作，与之前相比没有什么变化。这时将树冠部和枝头的叶子大量去除来抑制其生长，将全体的芽力平均化。

①将叶根用镊子夹住，向叶子伸展的方向疏理。将枝的根部用单手固定住，沿着叶子向外拉伸是最安全的疏理方法。如果朝叶子伸展的反方向进行拉伸，树皮就会损伤，要逐根细致地进行疏理。

②只要不弄错拉伸操作的方向，也可以用握持镊子手的手腕抵住叶根部进行操作，像这样不用另一只手稳住枝根也能进行高效的疏叶，一些专家和老手也会用这种方法。

不一定用镊子，也可以用剪子，操作时要尽可能地靠近叶根部进行切除。残留的叶根会随着时间而变旧，并逐渐脱落。切除后残留的部分太长的话，切断面就会变黄，这样生长下去，叶子整理的效果就会变差，外表也会变得难看。

右下枝（操作前的状态）。
像这样的枝条在全部树枝中，算是较弱或是中等强度的枝。在一枝一枝簇拥在一起的外围部分，由于日照比较充足，芽也会很强，相反枝叶内侧的芽就会弱小。

疏叶后。
不对内侧枝叶弱小的芽进行疏叶，以弱小的芽的叶数为基准，将外部强力的芽的叶数进行缩减。结合弱芽的叶数，来调整强力芽的叶数。这样做也有利于改善内侧枝叶的采光和通风，两者的共同作用，使得芽力的均一化有了显著的效果。

「短叶法」

一般最佳的切芽时期是在 6 月中旬到 7 月上旬，这棵树的操作是在 6 月 23 日进行的。

如果过早地进行切芽操作，二次芽和叶子都会变长；相反，如果时期过晚，二次芽会停止生长，叶子也会变短。

近几年日本夏天的平均气温都变得很高，树木的活动在夏天的高温下也会减少（极端情况下会停止活动）。因为这种情况二次芽的生长时间也会受限，所以和以前相比，现在一般的做法是较早地进行切芽。

操作本身是将新芽按水平面切除，这也是切芽的基本方法。在短叶法的二次切芽时，首先将弱小的芽切除，再过一周或 10 天后，切除强力芽，这是利用时间差进行的切芽。将弱小的芽先去除，可以使二次芽尽早做好生长准备，从结果上来说会对芽力的平均化有益处。

还有，为了增强芽力平均化的效果，也可将弱小的芽去除的同时，再把强力的芽的叶子拔除。

进行二次切芽后，在晚秋季节进行去除旧叶和疏叶操作，到了冬季，短叶和芽就会生长成齐整的状态，这时盆景将迎来观赏时期。

6 月 23 日。
疏理叶子后经过一个月，新芽也顺利地成长。

切芽的基本操作

沿着新芽的根部（与旧叶的分界）切除。切除时，要用锋利的剪刀迅速切除。将新芽用手指或是镊子保护着，再用剪刀，这也是一种操作方法。

切芽后，如果新芽的轴部还有残留，二次芽就会出现得较晚。也有利用这种方法的（轴留法），但基本上是将轴部也切掉。

将刀尖向水平处切入是重点

对准新芽的轴部，将刀尖水平切入，在旧叶的边际将新芽的轴部径直切下。这时要注意不能切到或是折弯旧叶。

剪子的刀刃如果以倾斜的角度切入，切口就会倾斜，二次芽也会长偏，以后就不能长成漂亮的形态了。

切芽后的全貌。

将弱小的芽切除时，没有切除树势较强的树冠和外围部分，这些部分将在一周或10天后进行切除。切芽要点和切除弱小的芽时相同。

叶子调整后的全貌。

数日后，切除强力的芽，并放置一段时间，即使设置了时间差，其与弱小芽之间的芽力差距可能也会增大，所以这时要将强力芽的新叶几乎全部拔除。

要切除强力芽的叶子以抑制其生长

在切除弱小芽的时候，剩下强力芽的新叶几乎要全部拔除。"几乎"可以说是全部拔除，与切轴后的状态相似，是为了二次芽做准备，将端部的数片叶子留下来是最好的。理想情况下是留下几叶，但全部拔掉也没有什么问题。

要切除强力芽的叶子以抑制其生长

右下枝（操作前）。

新芽与新叶都生长开来，春季时进行疏叶，其效果会使枝头强力芽的生长得到一定的抑制，但是与枝叶内侧等较弱的芽相比还是有差距。

切芽后。

首先将弱小的芽切掉，外部的芽暂不切掉留在原处。强力的芽要在一周或是10日后切除。因为分两次切除，所以叫二次切芽。

叶子调整后。

再将留下来的强力芽的新叶全部拔除。这样在切芽间隔中，有将强力芽的力量抑制住的效果。

树制作过程中也有没切芽的枝

左下枝靠近枝的根部有担任前枝作用的枝（圆圈内），最好能让其再成长一些。

左边图片圆圈内的枝，没有切芽而留下来，也没有进行新叶的调整。换句话说，就是不进行切芽。在成长到适当的状态时再进行整理。另外，树的完成或制作过程中，在有特别目的时，不进行切芽也是很有必要的。

国风展作品的三次切芽

兵库县姬路市

操作前（6月5日）。树高57cm，宽75cm。
黑松特有的荒芜树皮，体现出强烈的时代感。粗壮的主干也非常有韵味，独特的向右下方伸展的下枝（悬崖枝）是这棵树最大的看点。这棵黑松不仅有很好的芽力差，而且树冠部和外枝周围的芽，也顽强地向外伸展开来。

　　这棵树是入选了国风盆景展的作品。从之前对这棵树的管理者进行的采访中得知，这是专业人士实施短叶法的经典案例，进行过三次切芽。有人可能会认为切芽次数越多越有利于芽力的调整，然而实际上三次切芽就是极限了，四次以上的切芽已经没有什么显著的效果，所以四次切芽与三次切芽，也没有特别大的区别。

　　这棵树为什么会选择三次切芽，而不是一般的二次切芽，是因为这棵黑松的芽力差距过大。像这种半悬崖树，将柔弱的悬崖枝进行着重的培养是关键。就全体而言，有时树势太占上风的例子也会出现。

　　对于切芽来说，二次切芽与三次切芽的要领没有什么大的变化。二次切芽是将弱小的芽和强力的芽分开，在不同的时间进行切芽；而三次切芽是将芽的强度分为三个阶段，按弱小的芽、中等的芽、强力的芽分开，每隔7~10日进行一次切芽。然而什么时候切，切哪个芽，其判断就要依靠经验及高超的技术来决定。

第一回切芽后。
为了切除主干部分枝叶内侧的弱芽，在这个阶段要保持和切芽之前差不多的状态。决定切芽的时期是非常困难的，这棵树的切芽时期是6月5日，与一般切芽时期6月中旬相比会显得有些早。这与那一年的长期冷夏有关，在二次芽成长期变长的情况下，这次切芽与其调整叶长的意图相吻合。

切除较弱的芽 第一回切芽

后枝

切芽前，后枝的最下面的枝，由于上面的枝叶挡住了日照，这些枝叶的芽都会很小且脆弱。在这里能切的芽与不能切的芽都会出现。

切除一群小芽中的几个较大的芽。可以判断的这种程度的芽，即使进行了切芽，二次芽也会发芽。

这个芽也是后枝中比较大的。切芽后，二次芽也一定会发芽。

切芽后，特别小的芽（箭头所指）留下来不切。即使切除，二次芽发芽的概率也非常高，即使放置在那里，也不会长得特别好。除此以外，处于沉睡的芽也不要切。

多次切芽时，第一回将弱小的芽切除是最困难的，即使在三次切芽时也一样。因为下枝和枝叶内侧等弱小的芽实在是太多了，树冠部和枝头也有很多小芽，决定切掉哪个芽将是重点。

关注芽大小的同时，也要关注芽的位置，还要根据轴部的粗细，综合考虑切或不切。

左下枝叶内侧

在弱小的芽所组成的枝中，也有特别小的芽（箭头所指）。然而不管是多小的芽，其轴根部也是完好的。

像这样的芽，其轴根部会非常完好有力，即使切芽，其二次芽也会发芽，所以不留下来，全部切掉。

切芽后，从切口处看其轴部粗细，将会看得一清二楚，其周围的小芽也要在第一次全部切掉。

右下枝头前端部

由较强的芽所构成，然而其中也有较小的芽，像这样的芽要在第一次切芽时切除。

切芽后，剩下的在第二次时切掉。像这样在树势较强的部分中，把弱小的芽找出来切掉，也是整理芽与叶时的必要工序。

x

在第一次切芽一周后的 6 月 12 日，进行第二次切芽，再过去一周后，进行第三次切芽。多回数切芽的间隔一般是 7 天，如果芽力的差距过大，将切芽间隔变为大约 10 天为好，一般是 7 天的间隔。

在第二次切中等强度芽时，要领与第一次切芽一样。

第三次切芽时，要处理前两次切芽时所剩下的强力的芽。第三次的要领也与前两次大致相同，但树冠部分将同时采用轴留法。树冠部分有很多强力的芽，通常切芽后，其二次芽可能会过度生长。

第二次切芽后一周（6 月 19 日）。
只留有强力的芽的状态。

在这个时间点，第一次切芽时，一部分的二次芽已经开始发芽了。

操作前，在枝叶内侧，弱小的芽在第一次时切掉，多数中等强度的芽在第二次时将分别切除，现在留下来的都是强力的芽。

对强力的芽切除时，和第一次、第二次一样，在旧叶的边际，沿新芽的轴根部切掉。

切芽后。这个枝的切芽已经全部结束了，旧叶、没有切掉的弱芽及沉睡的芽还留在上面。

操作前，树冠部以前就是树势较强的部分，头部比下枝枝头或外围部分看起来芽力还要强，长出来的长芽也能看到。

切芽后，在这里强力的芽也和悬崖枝外围部分一样，采用将新芽沿轴根部切掉的通常做法，特别强的芽要用轴留法。

"轴留法"。将新芽的轴沿旧叶的边缘之上切掉，虽然轴部会留下一点新芽，这样处理的话，二次芽的发芽就会变慢。结果就是二次芽的生长周期变短，可以抑制芽力和叶长。对于特别强力的，将切芽时期延迟，也能得到同样的结果。"轴留法"在同时期的切芽时，变换其切除位置，是一种不太麻烦的操作方法。还可以根据芽力把芽留下来，改变其长度，多少也能调整芽力。留下的轴部，等二次芽固定以后，在去除旧叶时也一起切除。

二次芽的整理 除芽

第三次切芽后，7月17日进行二次芽的整理，也就是说要进行除芽。一般来说在去除旧叶时，同时进行也可以，但根据这棵树的特殊情况应尽早处理比较好。

在发芽数达3个以上的地方，能证明其芽力很强。芽数越多的地方，在经过长时间生长后，也能证明其芽力。与只发一两个芽的地方相比，芽力间的差距将会扩大。

操作前（7月17日）。

"轴留法"切芽后的痕迹。二次芽发了3个芽，树势强的部分，发芽也会越多。

在3个芽之中，去除最强的，通常留下位于水平上的2个芽，有时也留下上下或者右上边的芽。

去除芽后。对于芽的方向用金属丝蟠扎修正，也有的是按强弱来选择的，这是基本的方法。对于枝岐的样貌，也要机动处理。轴部的处理不要着急，等二次芽成长到一定程度，轴部固定以后再进行。

中部（9月11日）。 　　　　　　　头部（9月11日）。 　　　　　　　悬崖枝前端部（9月11日）。

9月11日树的样子。
第三次切芽后，经过了一个月的状态。头部、中部、悬崖枝的叶子基本上已经一样长了。在这个时期，叶子也不会再长了（到10月为止多少还会长一点），大致上以现在这种状态迎接冬天。

12月18日树的样子。
第三次切芽后，经过半年的状态。叶子已经停止生长，处于等长的状态。在这之后，冬天前进行旧叶的去除和枝条轮廓的最终调整，再更换盆体就全部完成了。

第78届国风盆景展出展时。
树高56cm，宽72cm，盆为紫泥轮花式，作者为加古川市的宫本明先生。
前年，经过以专业技师的"三次切芽"为主的维护整理，盆景呈现出刚直的风格，形成由短叶所包围的树姿。

切芽操作本身，就是将"新芽根部切除"的简单操作。切芽的同时，或者在切芽后，也伴随着很多不同的操作，才能够更加有效地将目标完成。

下面介绍一些以切芽时的修剪为中心的专业技师操作实例。

半完成造型树 切芽实践的应用 京都府京都市

这棵树以做枝条骨架的基础为目的，是制作小枝阶段时的素材。现在它还不在观赏的阶段，还要进行一次切芽，使小枝生长得更充实，以及使树势均匀成长。

操作前（6月30日）。树高40cm。

切芽后。除了枝叶内侧较弱的芽，其他所有的芽都已经切掉了。

切芽前枝的状态。

切芽后。切芽的同时也在进行小枝的整理。

树冠部的小枝整理

树势较强的树冠部分，每年都将进行重复的切芽操作，二次芽也有很多都发出芽了，其中小枝比较集中的案例有很多。

放置一段时间后，枝条会越来越多，密集的枝条就像这个案例一样，在适当地拉大间隔，或者说将其替换成小的。

轴部伸长的枝的变换

轴部伸长的枝。将这种枝的芽头进行切芽，也无法改善芽的间隔过大，这时在旧轴中部进行修剪，更换芽的根部。

更换完以后。芽根将会变得十分弱小，稍微留一点富余，将旧轴留长一点修剪。

强力芽的替换

多个芽集中在一起的强力枝条。因有间距过大的倾向，把中间的1个芽（箭头①）切回去，其也会顽强地生长开来。需要注意的是枝根部的小芽（箭头②）。

如果留置强力的枝条，这些小芽就会变得衰弱下去。因此去掉间距有过长倾向的强力枝条（留出安全合适的距离），等待小芽长出。

进行切芽操作时，除了切芽，同时也要考虑后续的整理。黑松仅仅通过切芽来实现枝数的增长是不行的，切芽只能实现一个好的制作开端，很多专家这样说到。

将来会变得集中在一处生长并长出很多小枝的地方，需要提前进行疏叶。另外，轴部伸展的新芽，在枝岐部要进行更换等操作。和什么都不去做相比，经过修整的树，作品在完成时会展现出更大的差异。

将没有作用的芽进行切芽，在休眠期（冬天）再次进行切除操作，这样将花费两次操作的时间，没有必要做这些浪费时间的事情。较早处置的话，对于树木的制作速度是有很大帮助的。

枝叶内侧的小芽。
像这样的芽在进行切芽后，二次芽就不会发芽，这种进入沉睡的案例也很多。想要保留的芽，在这个时期最好避免切芽，等待其成长。

二次芽的整理 去芽实践

切芽后的 7~10 天，从切芽痕迹处能确认新芽的萌发，这就是"二次芽"。一般每处发芽 1~3 个，树势较强的部分(头部等)发芽 4~5 个。

大多数芽在发芽时，如果不剪掉 2 个左右，枝头就会变粗，所以对于芽的修剪是不可缺少的，这称为"去芽"。

去芽的操作时期，一般在夏季 8 月至秋季，此时芽长成米粒大小。尽早修剪留下来的芽，其芽力会集中起来，芽的成长也会越好，但也有可能向轴部反向伸展，而且芽的强弱差距就会很难掌握。如果过晚整理的话，枝根的力量就会枯竭，与其他一两个芽的地方相比，芽力的差距就会变大。

从这些实例可以看出，在通常情况下，将尺寸比较大的芽尽早处理，接近中型或是小型尺寸的芽延迟处理。

去芽后。在发芽 3 个以上的地方，留下 2 个较弱的芽，这是基本的整理修剪方法，疏叶操作也将进行。

8 月 28 日。切芽后经过两个月，二次芽的成长也非常顺利。

切芽约两个月后，从切芽痕迹的左右两边，确认出下面共有 3 个芽长了出来，它们大都是同样强度的芽，为了重视方向性，将下面的芽取走，留下左右两个芽即可。

切下过长的叶子

伸长的叶子在 6 月切芽的时候进行休养，只留下了较弱的芽。为了让较弱的芽储蓄生长的力量，维持现状是比较理想的。但是轴部还没有固定，在风吹雨打后，芽都有从根部掉下来的可能。

8 月下旬的这个时期，对于作品制作的影响也非常小，在风雨的作用下，如果从根部取下的话，其他部分也会连带取下来，所以只切除一半也是可以的。

左右和上边长出 3 个芽的案例。考虑到枝岐方向和平衡性的问题，需要将上面长出来的芽(镊子所指示的地方)取下来，留下左右两边的芽，左边的芽稍微强一点。

像这种情况，要优先考虑强度的问题，而不是方向。这时将左边的芽去除，将上边和右边的两个芽留下来。芽的方向，可用金属丝蟠扎来修正。用金属丝蟠扎修正时，捏住枝根，进行水平的调整就很方便了。

改造前（12月19日）。以树的生理活动进入休眠期后为一个时点，这之后再进行疏叶。调整叶数，使其芽力平均化是主要目的。基本上将所有旧叶拔除的操作称为"处理旧叶"，在处理芽力特别强的芽时，要将新叶的数量减少，以便调整芽力。特别弱的芽，将不进行旧叶和新叶的调整，让它们留下来。

操作前。树冠部特别强的芽，本来其长度是新叶的好几倍，然而这棵树将其旧叶剪掉了一半的长度，从变黄的切口可以看出以前的旧叶。

用镊子将所有的旧叶都去除掉，同时去除一点新叶。剩下的调整到叶数与弱芽的数量相匹配，这也是一种操作的方法，也可以依照芽的平均叶数来进行。这棵树相对来说，芽力比较集中，所以运用了后面的方法。

疏叶后。看上去和切芽前相比显得有些凄凉，在切芽等一系列操作后，后枝数量增加了，芽力的偏差会减小。整体来看，这棵树是由充实的小枝构成的。

切芽前（6月30日）

切芽和疏叶后（8月28日）

切芽和整理小枝后（6月30日）

减少叶子前（12月19日）

为了保护枝叶内侧芽的切芽

京都府京都市

这棵树的切芽有两个重点，第一个是将叶子留得稍微长一点，第二个就是将枝叶内侧的芽维持住。

切芽的目的是将叶子剪切变短，并使叶子齐整。像这棵文人树，其枝的风格独具特色，即使做成像普通树那样的短叶，也还能体现出另一些韵味来。与一般的切芽时期相比，要提早一个星期左右，等二次芽全部变长以后再保持下去。

在切芽时，将外侧较强的芽切掉，这样有利于内侧枝较弱芽的生长，其他树也能看到很多出于这种目的的切芽。盆比较旧的这棵文人树，与普通的树相比，进行了控制肥培的管理。在芽力差距比较小的枝叶内侧，其芽也比较弱，因其枝叶较少所以要保护住，及时将生长出来的芽进行切芽操作是很必要的。

操作前（6月22日）。树高40cm，宽幅100cm。这棵树来到这里的时候就已经很老了，再加上以前培养等问题，芽的生长不是很显著，只进行了一次切芽的芽力调整。另外这棵树的芽生长得不是很好，伸展性很差，希望在枝叶内侧的芽今后能够长得更充实。

切下来芽的案例。根据大小来看，其芽力差距很小，进行一次切芽后，能够整理得很好。最左边的小芽会比较弱，根据枝的状态留下来不切也很常见。

树冠部切芽前后的对比

切芽前

切芽后

从正面看。

从上面看。

树冠部的树势比下部的树枝好，还能看到几根伸长了的树枝。

除了特别弱小的芽，其他芽全部切除掉。

17

枝群 A 的间隔比较短，是理想的状态，B 枝略微有些生长迟缓的感觉，如果 A 和 B 按照同样的方法进行切芽，它们之间的差距不会改善，B 会越来越迟缓，以至于变得不能使用。

在确认了 B 的枝叶内侧芽的情况后，对 B 进行切芽的同时，将四五片旧叶去除；对 A 也进行切芽，同时将一两片旧叶去除。像这样的抑制操作，可以增加枝部生长成活的概率，等到枝叶内侧的芽变得充实后，也可以进行更换。

作业开始2个月后（8月28日）

二次芽的现状。从切芽的痕迹上看，可以确认有 2 处发芽了。在树冠部，强力的芽被切掉的地方，大多都会出现这样的情况。发芽达到 3 个以上的地方几乎没有，在切掉较弱芽的地方，也只发芽了一个，中等强度的芽也只发了一两芽。这棵树本身就是以抑制的风格制作的，所以其芽数也很少。通常切过芽的树，在这个阶段不进行去芽，等到秋天以后再说。

用疏叶的方法来抑制强力的芽

伴随着切芽的操作。疏叶操作后，对于强力的芽要进行抑制，和小枝混合的部分要切透。

树冠图俯视。

二次芽发芽的整理阶段（8月28日）。

没有进行切芽的芽的修整过程

在枝岐的附近发现了一个小芽（6月22日）。像这样的芽不切，把它留下来。

枝叶内侧的芽（同），在切芽和梳叶操作后，对其芽头进行抑制，和二次芽一样可以提高芽的成活概率。

6月时较小的枝叶内侧的芽开始生长出来（8月28日）。如果再充实一点的话，就可以进行更换，从而改变松散的状况，这棵树的情况是，等芽伸展出来后，再进行切芽，这也是目的之一。

较早一次切芽的成果。

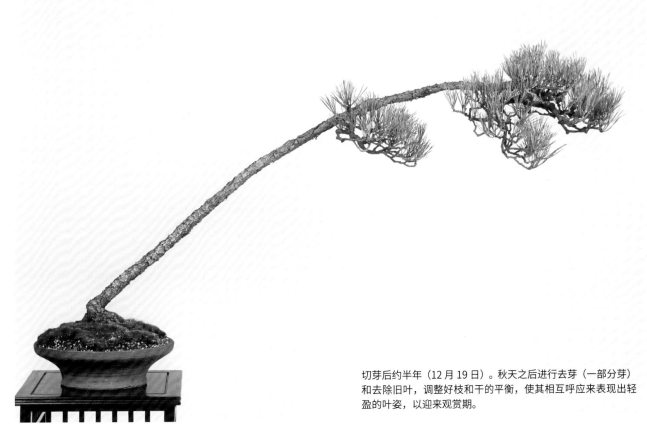

切芽后约半年（12月19日）。秋天之后进行去芽（一部分芽）和去除旧叶，调整好枝和干的平衡，使其相互呼应来表现出轻盈的叶姿，以迎来观赏期。

日本专家公认的 切芽时期及之后的管理诀窍

寺泽达也（群马县前桥市　石井盆景）
切芽时期 / 6 月 15 日（大作品），20 日（中作品），6 月下旬至 7 月上旬（小作品）

◆以前大作品要在 20 日左右进行操作，但这时夏天超过 40℃的天数也多了起来，所以提前了操作的时间。以前常说在群马县没法做黑松，但近些年这里的黑松作品质量也变得好起来，气候的变化反而使这里更适合黑松生长了。

小川敏郎（千叶县千叶市　薰风苑）
切芽时期 / 6 月初到 6 月 10 日（大作品）

◆大型盆景在进入 6 月时就要进行切芽，在 10 日之前完成操作。这几年由于气候的变化，二次芽的调整也变得很难了，像由小枝育成的古树等，跟以前一样控制肥料不进行切芽，从而也有调整叶长的情况出现。

漆畑大雅（静冈县静冈市　苔圣园）
切芽时期 / 6 月 10 日（大作品）、15—20 日（中作品）、7 月初（小作品）

◆本园管理的黑松，从大作品到小作品有很多，大致的管理标准一直没怎么变。遇到个别的芽长得不好，也不会对当年的叶子做整理，而是为了第二年的肥培管理做准备。

太田重幸（三重县铃鹿市　山太园）
切芽时期 / 6 月 10—15 日（大作品）、20—25 日（中作品）、7 月 10 日（小作品）

◆从 90cm 以上的大作品老树开始切芽，中作品和小作品的切芽操作也将开始。小作品在 7 月 10—15 日也能充分发芽，在二次芽发育不良时，傍晚到晚上使用叶水，可使叶长增加 1cm。

新谷清（广岛县广岛市　清芳园）
切芽时期 / 6 月 15 日（大作品）

◆切芽时期和之前相比没有什么变化，树势有些弱的树，应提早一个星期进行，但大多数的树，都要在这个时期进行操作。

森山保春（福冈县太宰市　三山锦花园）
切芽时期 / 6 月 10—15 日（大作品）

◆近几年的切芽，大致都是在 6 月 10—15 日开始的；和以前相比，要提前 10 天到两周的时间。然而还是会出现芽生长不良的情况，跟气候也不无关系，应尝试在 6 月初时进行操作。

铃木伸二（长野县小布施町）
切芽时期 / 6 月中旬（大作品）

◆因当地的气候非常寒冷，培养黑松的人非常少。切芽时期在 6 月中旬最合适，但具体时间，还是要根据芽的生长状况来判断。如果切芽后认为芽没有生长时，一般使用叶水的操作来应对。

近藤晓生（神奈川县大和市　晓树园）
切芽时期 / 6 月 15 日（大作品）

◆当气温超过 35℃，芽就会停止生长，所以要配合展叶期进行切芽。如果气温超过 35℃，树就会停止活动，如果有停止生长的迹象，在炎热的时期，就要用冷纱布或是叶水来应对。

铃木亨（爱知县冈崎市　大树园）
切芽时期 / 6 月 10 日（大作品）

◆对于较大的古树要在 6 月初进行切芽，在培养的过程中，没有必要过分关注叶子的齐整，应尽早去操作。芽生长得不是特别好的情况下，要用叶水应对，如果之前的肥培和灌水做得很充分，就不会出现生长不好的问题。

西川智也（兵库县姬路市　白鹭园）
切芽时期 / 6 月初（大作品）

◆以前在 6 月 20 日左右进行切芽，夏天的高温会使芽的生长停止，最近进入 6 月就要进行大作品的切芽。到 6 月下旬时，小作品的切芽也要结束。

平松浩二（香川县国分寺町　平松春松园）
切芽时期 / 6 月 5 日（大作品）

◆这里是管理黑松的主要场所，所以数量众多。通常切芽在 6 月初就要开始，如有参展预定的作品，为了使其叶子变短，就要在 6 月 10—15 日时进行切芽，较小的盆景预计在 7 月中旬进行。

野元大作（宫崎县宫崎市　野元珍松园）
切芽时期 / 6 月 15—20 日（大作品）、6 月末至 7 月初（中作品）、7 月中旬（小作品）

◆宫崎县气候温暖，10 月末二次芽就会发芽。即使切芽相对较晚的也会照常发芽；若遇到恶劣天气及日照不足，致使芽发育不良时，要用液肥或是化学肥料等速效肥料来应对。

实例介绍

较迟的切芽也能出好的作品

静冈县滨松市

7月初开始的二次切芽

这棵树的骨架基础已大体上完成了，之后就要让各个枝冠平均化，对整体进行协调。这是一个中等程度的素材。

与容易增长树势的树冠部相比，下枝的部分较弱，并且差距比较大，在二次切芽时要进行芽力的调整。

操作日期是7月6日，地点是在气候比较温暖的静冈县，但也比一般的整理时期6月中旬，要晚了半个月左右。第二次操作考虑在7月中旬进行，但也有人会对其二次芽的成长状况感到不安。作者这样解释到："到了那个时期，对芽的成长不会造成什么影响。"

操作本身没有什么特殊的地方，第一次切较弱的芽，第二次切较强的芽。

操作前（7月6日），树高42cm，宽58cm。
这棵树的小枝很充实，离观赏阶段只差一步了。为了之后的枝棚整理，要进行二次切芽。

切芽的基本方式

将新芽用镊子轻轻夹住，再用剪刀向新芽的根部水平切入。切完后，用拿着镊子的手腕，反扣切下来的新芽，使其落在身前。

切芽前。

切芽后。

在与旧叶的分界处切掉新芽，因为是二次切芽，首先将内侧较弱的芽切掉，过了7~10天后，再将较强的芽切掉。

切芽的选择

A　B　C

一棵树在这种情况下也有很大的差距。C是第二次要切的较强的芽，主要在头部和枝头出现；B是第一次就要切的芽，同时也是数量最多的；A是枝叶内侧等较弱的芽，是前两次没切留下来的。

操作后。
将弱小的芽和有一点强的芽切掉，在有很多较强芽的树冠部，和之前相比基本没什么变化。

二次芽早早就长出来了（7月14日）。由于很小所以不好确认，从切芽的痕迹来看，确认了二次芽的发芽。这是稍稍有些强的芽，是日常肥培效果的证明。

操作前（7月14日）。外观没有什么明显的变化，但二次芽已经悄悄地开始有动静了（根据芽力和芽的位置有迟和早的差异）。

切芽后。以树冠部为核心，将第一次留下来的强力芽进行切除，这比通常的切芽日期要迟半个月以上。

平均的强力芽。某种程度上小枝越充实，芽力就会被分散。在一个地方发芽的二次芽有两三个（照片中是2个芽）。1个芽或2个芽放在那里就可以，若有3个芽以上时，就需要去芽了。

从树势的差距来看

二次芽的强弱差

进入休眠的芽。同一时期的芽没有绽开，反而也有进入休眠的情况。像这样的芽在下次切芽之前不要做任何操作，当切芽后，二次芽的发芽概率会更高。

强力芽。树势较强的地方，有几处发芽。像这些芽，在一个地方生长，有很多产生强弱差的状况，照片中左右出来的芽，其右边的芽特别强，这是轴部成长的案例。另外芽间隔有些迟缓，所以不能用了，在疏叶时，从根部将其去除。

从冬天到春天的疏叶作业
实现短叶的齐整状态

这个案例的采访是在10月下旬，正是这棵树呈现出的最终完成状态。10月以后将去除旧叶，调整新叶，并进行二次芽的整理。

有时候切芽时期有延迟，旧叶去除要到12月后开始。在结了一两次霜后，新叶固定下来时再进行操作。去除旧叶时，将树势太强导致的轴部有些松散的芽，与初始的芽进行更换操作。完成了高强度作业后的树，要放在能够遮风的屋檐下保护起来。

在理想状态下，此时要进行旧叶的处理，第二年2—3月再进行新叶的疏叶工作，如果没有时间的话，也可以在新叶疏叶时一并进行旧叶处理。

10月21日的树姿。与一般的切芽时期相比，因为各种原因较晚进行的切芽，也能达到这样的效果。当气候不好，芽的发育不佳时，在8月下旬，用叶水等手段来调整芽的成长。

从切芽到秋天枝的变化

左下枝（正面）。

作业前（7月6日）。最下面的枝，是树势最弱的部分。

第一次切芽后，只留下冠部较强的芽，其他的芽都要切掉。

秋天时的状态（10月21日），二次芽的生长良好，叶子的齐整也没有问题。

左下枝（上面）。

枝头等部分有中等和强力的芽，枝叶内侧弱小的芽也有很多。

枝头中比较弱的芽要切掉，同时不要的枝也要切掉。

最下边的地方树势最弱，并有芽力之间的差距，冬天到春天时叶子的调整会很重要。

操作前（7月6日）。树高50cm，宽52cm。重要枝的基础操作已经完成，之后要进入充实小枝的阶段。增加枝是主要目的，极端弱的芽以外的强弱差不要特别关注，从较弱的芽到较强的芽进行切除，所有芽都要一次切芽。

切芽后。进行一次切芽时，从新芽轴部切掉的要领没有变，与培养阶段的一次切芽相比，切芽范围更广。

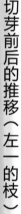
切芽前后的推移（左一的枝）

操作前（7月6日）。和右下枝一样是树势最弱的部分。

只留下弱小的芽，使其充实

将位于重要枝之间的小枝和枝叶内侧的弱小芽留下来不切除。

切芽后，将和二次切芽不同强力的芽也切掉了。

秋天的状态（10月21日），二次芽顺利长了出来。

这是将要进入小枝充实阶段的树。枝数的增加是切芽的主要目的，以此来进行一次切芽。

一次切芽是将枝叶内侧等特别弱的芽保留，其余的芽一次切掉。将弱小的芽和强力的芽统一切掉后，在芽力平均化效果上不能期待过多（用疏叶的方法应对），但能省去确认芽大小的步骤，这样操作也会变得轻松些。

操作方法与不同时期的切芽相比没有变化，从结果上也是如此。如果在温暖地方的肥培效果不错的话，树不会生长得很大。在7月的操作，对于二次芽的成长也不会有什么影响。看到这些例子你会明白，一般建议的切芽时期只不过是大致上的日期，关键是根据当地的气候条件和肥培程度等因素一起来考虑，然后决定切芽时期。根据二次芽的生长状况，可以判断切芽时期是否合适，并可作为下一年切芽期的参考，以后就可以自己来决定切芽时期了。

切芽后一周（7月14日）。切芽的痕迹特别小，二次芽开始成长。

秋天的状态（10月21日）。切芽后约2个月，虽然是迟到了半个月的操作，但二次芽长得也很好，叶子也长得很开。

即使是延迟了半个月的操作二次芽也整齐地发芽了

右侧面。

左侧面。

秋天的状态（10月21日）。
一次芽和二次芽同样在12月去除旧叶。第二年的春天，进行新叶的疏叶操作。

验证实验

因切芽时期的早晚带来的叶长变化

爱知县丰田市

切芽是根据时间，并从判断叶子的生长是否停止，其长度有没有变化等作为依据来实施的。为了验证这个，把一棵树分成左半边和右半边，将切芽时期错开两周左右（17天），这仅仅是实验，所以尽量不要模仿（善后工作会很麻烦）。

6月21日将右侧的枝切芽

操作前（6月21日）。树高45cm。这是拥有左右均等形状的中等作品，是棵处于直干状态并有点单薄的造型树。中等黑松的切芽日期一般在6月中下旬，21日对主干右侧出来的枝进行切芽。从下枝到冠部，除了特别弱的芽以外，全部进行切芽，即一次切芽。

切芽后。通常情况下，将继续在左半边切芽，非正常情况下（因是实验），左半边的切芽时期将延迟。

实际的切芽操作与普通情况一样。

切芽后，在轴部用剪刀将其水平切掉。

7月8日将左侧的枝切芽

切芽后。对主干左侧出来的枝进行切芽，操作本身和6月21日时相同。虽然时期不一样，但重要的是在二次切芽时，将弱小芽和强力芽的切芽时期错开，也可以说是将左右半边对换。

在休眠期中 11 月 2 日时的树姿。这个时期的叶子停止了生长，左右两边的叶长能够看出有明显的差距。

对进入下一个季节的芽的成长也有影响

第二年 5 月 10 日

从叶长可以看出，右半边过长，左半边过短。这棵树的切芽时期在 6 月 21 日到 7 月 8 日。

虽然在理论上是这样的，但通过实际的操作，其结果一目了然。

先进行切芽的右半边的新芽，要比左半边推迟切芽的新芽成长得更好，这也证实了切芽时期的早晚对第二年芽的成长有影响。也就是说切芽时期过早的话，这棵树第二年的切芽时期就要较迟进行（相反如果切芽较迟就调整得早一点）。

疏叶后重新移栽，5 月初长芽时的树姿。由于去除了旧叶，左右的新叶长度的差异更加显著。不光是叶长，芽的成长，在左右间也出现了差异。这棵树在现在的季节，将切芽时期左右对调，就可以恢复原来的树势平衡。

右下枝的芽。

左下枝的芽。

疏叶是所有切芽作业的最终调整操作。在较晚的秋季进行旧叶去除可以在较短的新叶生长的同时，改善通风采光，来养育枝叶内侧的芽和枝。同时在冬季要进行叶数的调整（制作叶子＝拔新叶），前年的切芽在进行最终芽力调整时，春天的芽长出来了，这时将迎来今年的切芽操作，并开始进入切芽的周期。

这些疏叶的操作是为了将树型长期维持住，从树的表现来看，这些都是制作黑松所不可缺少的制作方法。

树高39cm。操作前（11月15日）。

旧叶和原来的叶子去除后。

这棵树从山里采集到现在大约有30年，在其枝叶内侧特别强时入手，随后经过7年时间的生长。在一年后的切芽（只将强力的芽切掉一次切芽）才将其整理好。它已经到了可以进行普通切芽的时候了，今年的一次切芽将在6月下旬进行。

对于树势较强的树，切芽部分还有三四个芽和二次芽。这棵树的芽已经处理完了，如果没有处理的话，可以趁这次机会处理掉。通常来说，留下水平的两个芽，及头部留一两个芽为好。留下来的旧叶在弱小的芽上，就这样过冬也可以。从要制作枝叶内侧的枝来说，应该实施修剪叶子的操作。

去除旧叶

基本方式。
用一只手将芽托住，另一只手用镊子夹住旧叶，夹住袴部（叶苞）之上。向叶子伸长的方向拔，将整个袴部拔除，虽然有时会刮掉树皮，但不留下袴部是最安全的。

旧叶去除后，将赤叶也拔除。像这样将长的旧叶去除，可以改善枝叶内侧的通风和采光。黑松在严寒时期会停止生长，除此以外的时期会慢慢生长。在旧叶去除，新叶也很短的这个时期，是内侧枝叶生长的绝佳机会。后述（第32页）在芽开始活动前2~3个月，同时可以制作新叶和培育枝叶内侧的芽。这之后关注右侧小芽的旧叶，不是因为忘了取下来，是为了使芽力增长而特意留下来的。

调整新叶（整齐叶子）

将新叶的旧叶取下。在芽出来的位置调整整齐，外表就会很漂亮，数日后用金属丝蟠扎就容易操作了。去除旧叶子可以决定枝岐之间的距离，轴部过度成长时，中途要进行切芽，不将叶子留下，之后在袴部中的叶芽可以成为枝岐的源头。

旧叶去除后。这个芽在整体中属于中等强度，或稍微强力的芽。为与右侧的小芽（没切芽留下的内芽）相协调，应去除更多的芽。最理想的是，旧叶去除后，分两阶段进行冬季的新叶调整（择叶）。虽然是两次操作，一般是同时进行，在去除旧叶的同时，也进行冬季的疏叶操作。特别重点的树除外。

1

这棵树有今年没有进行切芽的枝，像这样的枝就会有躯干部发芽的情况。

2

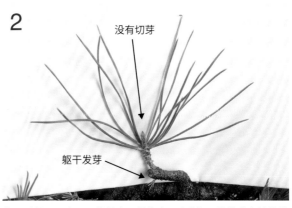

没有切芽

躯干发芽

为了看得更明白，只将其中一枝放大，这个躯干发的芽在较靠外侧的地方，日照和通风不会很差。

3

就这样放置也不用担心枯萎或是陷入休眠，为了更进一步地确保芽的生长，切掉芽头（大的冬芽）的旧叶。

4

将旧叶剪短后，能够简单有效地为躯干的芽增加生长的力量。

躯干的芽

5

图1—4都是为了让芽生长强壮的操作，1~2年后躯干的芽就会变为现在的样子。今年切芽时，将芽头切掉，也是为了躯干的芽能够成长。现在躯干芽的成长已经非常紧迫了，其轴部即使很细，待成长一些后也要马上开始操作。这棵树入手时，大部分的枝已经非常松懈了。

6

从图5时过去1~2年的枝的实例，躯干的芽已经很充实，枝岐也有不少，到了这种程度再切也没有问题了。

7

剪掉后，这时枝的距离又变大了。通过像这样的剪切，让再往里边的枝干发芽的可能性增加。

和五叶松相比，躯干更容易发芽的黑松，在肥培和切芽时，采用前面图 1—7 的操作，就能维持枝叶内侧的枝。然而经过数年的生长，内侧枝叶也会生长出来。如果附近没有可以代替的枝，也不能阻止其生长的话，只能继续使用，或者拔掉替换。照片中上部枝的阴影处，有较细的枝，但上面躯干却没有发芽的。在枝叶内侧将其拔除，这之后粗枝（后枝）就会变得充实，这时再拔除进行更换。

操作后。树高 35cm。枝叶整理完成后，这棵树在秋天的操作就结束了。一般的话用金属丝蟠扎来调整树姿也是可以的。然而这棵树也可以培养其枝叶内侧的枝，但要用金属丝蟠扎，应推迟 2—3 个月，在疏叶之后进行。用金属丝蟠扎时，要在室内进行维护，这段时间避免阳光的照射，然后将盆景放到户外过冬，还要考虑让枝叶内侧接收到一些日照。

2—3月的新叶调整（择叶）

即使是在比较温暖的地方，2—3月的严冬期，树也会停止生长。这个时期的新叶调整是制作黑松的关键之一。

将新叶的叶数调整，要通过把强力的芽拔多一点，弱小的芽拔少一点的方法来进行芽力的调整，这被称为"调整叶"或"择叶"，在芽停止生长到芽开始活动之间进行是最好的。虽然没有明确的理由，与其他时期的调整叶子相比，在春天调整更好。

调整叶子前。

弱小的芽　　　　中等的芽　　　　强力的芽

留下来的叶数是大致的数量，要根据树来决定。

调整叶子后。

留下八九叶　　　留下六七叶　　　留下 4 叶（8 根）

切芽后让树休息的方法

爱知县冈崎市

切芽操作对树来说是有很大负担的。多年连续的切芽，会对树势慢慢产生影响。为了恢复树势，切芽后的休息是很有效果的手段，然而照顾"正在休整的树"也不是那么容易的，也会带来负面的影响，会使其芽力的差距增大。

在树维护休整时，到了秋季（9月中下旬至10月上旬）将新梢抑制住。目的有两点：缓解枝条之间的间隔过大和维持枝叶内侧的芽。

针对这棵树的情况，对于生长良好的芽，要在新芽的中等距离进行修剪整理；对于没怎么成长的芽，要进行旧叶的去除以抑制；对于较弱的芽要留下来。

其他还有被称为"秋季切芽"的手段，对于树的养成期很有效，但对于完成期就不是很合适，所以这棵树将不用这种方法。

操作前（9月上旬）。树高45cm。这是鉴赏维持阶段的中型黑松，树龄比较高，已经反复进行了切芽。芽还是非常整齐，但树势有些衰退了，今年将重新移栽，不进行切芽，以恢复树势。但到第二年的春天，任凭新芽成长的话，会使树形变乱，因此将强力的芽抑制住，来进行秋天的修剪。

将成长的芽的头部抑制住
这是维护好树的重点

操作前。看不到像年轻树木那样极端的新梢，在培养条件良好的外围部分却长了出来。

抑制后。放置到第二年春天，枝之间的距离变长、变松弛，枝头也会展开，加上新梢的前端"阻止"力量，抑制住芽的成长，对切芽休息的树来说是必要的操作。

秋天通过剪切来实现抑制的基本技术

抑制的基本步骤

1

操作前，a 枝的力量最强，b 枝的成长势头也很强。

2

剪切最强的 a 枝时，在旧叶附近的位置切得深一点。b 是先将旧叶拔去，加上轻微的抑制力，会长出枝的轮廓。c 不进行操作。

根据芽的强度与周围的平衡来考虑抑制的程度

切芽休息的枝的例子（9 月下旬）。

在新芽（新梢）的中部位置进行修剪，抑制生长点。

修剪后。剪到旧叶的位置时，二次芽发芽的可能性虽然也有，但到第二年春天，芽会在新叶的地方开始活动。

考虑到轮廓的问题，要在新芽的中间进行修剪。c 的轴部不是很长，只去除旧叶不进行修剪。像这样关注着其他枝的生长状态，保持它们之间的平衡，从而来调整剪切的深浅（强弱）。

3

切不切新梢和切多少，要根据芽的强度为基准进行判断。把枝冠的轮廓打乱，并将长出来的较强的芽，在新芽轴部中间的位置切掉，必要的时候将旧叶去除。

还有树势特别强的树，其间隔也比较大时，要将其在旧叶的边际，把新芽轴部切掉。这与"秋季切芽"要使其二次芽长出来不同，其目的是要提供强大的抑制力以维持树形。将旧叶留下的话，第二年春天从那里长出新芽的概率也会变高。

操作前的枝冠。

抑制（修剪）操作后。将几乎所有的强力芽，在其轴部中间切掉（一部分特别强的芽要在旧叶位置切得很深）。将所有强力的芽在旧叶的位置进行深切的话，就会形成与"秋季切芽"相同的效果，拥有了二次芽（成为稍稍膨胀的已经停止生长的冬芽）。冬芽在春天开始成长，树势较好的树不用说，像这棵树，在树势衰落的情况下，在夏天没能成长到可以切芽的程度，结果今年也只能是处于切芽休息的状态，这样会变得难以维持树形。为了不让这样的状况发生，就要将二次芽切掉，即使有的部分切得较深，只要控制住数量，操作后二次芽的发芽概率也会很低。

关于秋季切芽

一般在6—7月进行切芽，而延迟到秋季才进行切芽的做法被称为"秋季切芽"。这种方法对树势的恢复效果明显，但也有可能出现躯干芽增多、枝干肥大等缺点，以至从秋天到冬天都处于无法观赏的状态。芽之间的强弱差距太大，会导致树形极易变乱，小枝也会变得肥大，还有很多其他难点。

此起已完成的树木，秋季切芽更适合养成阶段的树木，以及那些嫁接的新树和重新制作的古树。换句话说，从枝叶内侧附近的地方剪回来，是使其发芽的方法。嫁接过一两枝和制作较迟的枝条，可以用秋季切芽这种方法。另外是在夏天切芽效果不明显时进行秋季切芽，如果做的话就要将整棵树一起做，这是一种用途有限的特殊技法。

也就是说有短期制作基础的养成中的树用秋季切芽，完成和半完成的树用切芽休息这种方法，两种方法是分开来的。

随着树势的衰落，枝叶内侧衰弱更加明显。有的专家将旧叶放置到秋天，来判断枝叶内侧可否"保住"，但做出这种判断的难度非常高。

基础制作阶段的切芽

爱知县冈崎市

新树（种树）在制作枝基础的培养阶段，也要活用切芽等方法，只进行强力芽切除的一次切芽。在枝叶的完成阶段中，切芽的数量也会增多。

为了使可用枝增大而增加徒长枝，是这个阶段的特点。在枝变大的同时，徒长枝枝叶内侧的芽也成长起来，将其切芽来制作子枝的枝岐。

如果徒长枝的叶子过于茂盛，会使枝叶内侧的芽衰弱。一边观察枝叶内侧芽的状态，一边实施将枝头切短等操作。

在这样的基础制作阶段，根据芽的状态，对应各种方法进行修剪和切芽，不管是可用枝的配置还是子枝之间的间隔设置，干部粗细的平衡等，这些综合知识是不可缺少的。

像新树这样的等级，比半完成和完成阶段的树要低，对于树的制作有很高的技术要求。

操作前（6月22日）。树高52cm，宽92cm。这是粗干的新树素材，其干肌具有鲜明的时代感。在徒长枝的枝根部了为让其变粗，使枝叶内侧达到良好的采光和通风效果，要将除前端以外几乎所有的枝叶拔掉，但在拔叶子的时候，要把子枝生长叶子的地方留下。芽叶生长时，出现子枝的地方有很多，这些子枝会成长为可用枝的枝岐。像这样制作的话，枝叶内侧的通风采光是很重要的。

头部枝··一次切芽

操作前，树中的枝干粗细平衡已经做好，徒长枝的处理也完成了，只是在树势较强的部分生长出很多强力的芽。

轴部生长出来的芽，树长高的时候暂时先不管，在头部尽可能抑制，目的是为了制作节间的短枝岐，再将新芽轴部与旧叶之间的连接处切除。

切芽后。普通的一次切芽，头部的其他芽大部分也用这种方法切芽。

头部枝··中途切芽

要让轴部适当成长的枝成活下来的话，将新芽稍微留下来一点，进行"中途切芽"最有效。像这样切新叶和旧叶，长出二次芽的概率会更高。对树势较强的培养树，要采用特殊技巧修整其树冠部。

切芽后，也有轴部前端二次芽长不出来的情况，但重复切芽后，原来的二次芽就会长出来。"中途切芽"也被人们称为"中切芽"，短叶法本身就是在春秋之间切芽的意思，所以也叫中切芽。为了避免混乱，本书将统一将前者称为"中途切芽"。

根据枝叶内侧芽强度变化的切法

操作前。A枝和B枝都有枝叶内侧芽，但是它们的大小（强弱）却大不相同。A很强，B很弱。

A枝的枝叶内侧芽的比例很好，但主枝根部的粗细平衡一般，需要在芽的近处切。今后要对这个芽进行更换，以便进入枝的制作，现在还没有达到能够切芽的强度。

两个枝的枝叶内侧芽都不切

操作后。B枝的枝叶内侧芽还很弱，硬切的话，受伤的可能性很大。因此，只需将前芽进行切芽，这次的切芽不只是为了增加枝岐，而是先将前端芽的力量抑制住，再将枝叶内侧的芽进行充实，这样操作可以使旧叶和躯干芽的状态，都达到预期效果。

中部左枝
枝叶内侧的芽（将来的子枝）的切芽

让枝根部变粗，使其长出徒长枝群。但是过度增长徒长枝，会因新陈代谢，使枝叶内侧的芽变弱。芽如果枯萎，就会变成没有子枝的松弛状态，这样枝的制作也会推迟。

从枝叶内侧的芽（箭头）可以判断所有二次芽都有发芽的能力，将C进行切芽（增加枝数后进行一次切芽）。

在徒长枝C的枝叶内侧，将来会成为子枝的芽分布在那里。这之后要将其保护起来培养，同时使枝的根部变粗。

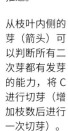 

切徒长枝

完成枝叶内侧的切芽后，徒长枝的生长会很强，所以要将其切掉。从干部到根部的粗细平衡还不是很好，但要优先考虑保护枝叶内侧的芽，这些判断是由平时积累的经验所得到的。

在新树上有很多徒长枝，切芽后内部的情况更容易看到，把不要的枝拔除后，再用金属丝蟠扎。

现在正是树的活动旺盛期，由于枝很柔软，用金属丝蟠扎的话，角度和方向容易矫正，但树也容易被侵害，所以操作时需要特别注意。

在进行"拉枝"等较强的矫正时，用金属丝蟠扎枝的一部分来实施，在金属丝侵害枝条之前移走，迫不得已时要取下来（一些侵害可在制作枝的过程中修复）。

切芽和徒长枝处理完后。留下来的徒长枝还不够粗，对枝叶内侧的芽的影响很小，所以让其继续生长。

切除徒长枝。将中间长出来的一根枝拔除，为了改善干部粗细平衡，多种用途的枝要在这个阶段进行整理。

将枝的角度和方向进行修正的案例。正式的操作将在基础做好后进行，趁着枝还很柔软时，做出较大的修正会很方便且有效。

操作结束。

切芽后二次芽的推移

新树阶段枝的制作。在可用枝生长变粗，芽数也随着增加时，进行各种操作，并保持住枝叶内侧的芽，同时在枝叶内侧进行切芽是操作的诀窍。这棵树可用枝的根部还不是特别粗，在确认了二次芽活动后，将成长的细枝进行反复的切除。

7月8日，小的二次芽发芽。

7月20日，轴部逐渐成长，叶子也长开了。

8月8日，叶子展开，这之后新叶将成长。

头部。树势较强，从去年切芽后长出新芽的地方，长出来较长的芽，在合适的时期，进行"未开叶的新芽"抑制。

下边的枝。较长的枝长了出来，虽还不及头部，对于这些枝进行"摘取未开叶的新芽"的平衡操作。

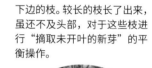

第二年4月16日的样子。现在的季节，重复去年相同的操作。切芽后长出众多的二次芽，其二次芽的整理，应在秋天进行切除时同时进行。

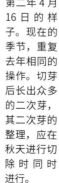

操作前（6 月 13 日）。树高 50cm。与上一个季节的操作前对比，徒长枝的数量减少了，长势也减弱了。现在这个季节也重复去年相同的操作，在进行枝的制作时，其程度和范围将会有较大的不同。

头部枝：一次切芽

在新芽轴部和旧叶的连接处剪切。这是抑制其生长，增加芽数的普通切芽。与之前相比，用这个方法，切的范围要更广。

头部枝：中途切芽

头部特别强且有些间隔的芽（箭头处）。上次是在与普通的旧叶的连接处，这次在中途切芽。

切芽后，对于完成较晚的小枝的芽，要与其他部分步调一致，这个手法要在这时使用。

根据枝的状态进行不同的操作

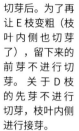

将C枝切掉。枝叶内侧也变好后，再进行下一步的操作，以促进枝叶内侧芽的生长。现在可以进行枝叶内侧的切芽。

切芽后。为了再让E枝变粗（枝叶内侧也切芽了），留下来的前芽不进行切芽。关于D枝的先芽不进行切芽，枝叶内侧进行接芽。

D枝接芽后。梅雨季节前的切芽时期，也是接芽的好时期，接穗要用修剪出的新芽。

与上次操作相同的枝群，C枝上一次在枝叶内侧切芽了，粗细和枝叶内侧芽的大小相比，已经足够，所以将枝头切掉。D枝没有枝叶内侧的芽，应将促进躯干生长的前芽进行切芽（上一次没做），但其并没有发芽。E枝上一次将枝叶内侧的芽（制作枝的目的）及前芽（抑制目的）切芽，因其还不够粗，所以将前枝切掉。

后枝的切芽

后枝的切芽。
这棵树的后下枝，已经变得有些粗了。这次要进行增加芽数和扩大枝范围的切芽。除一部分极弱的芽外，切除其他所有芽，即一次切芽。在制作树的过程中，有很多像这样的枝条。

整理徒长枝

在通过强力肥培以抑制徒长枝和反复切芽的培养阶段，枝条根部附近的芽也开始活动了（躯干芽）。这时若发现无用的芽，要立即切除。和切芽不同，要从芽的根部（如果有旧叶连同旧叶切掉）全部切掉。照片中是在一处发了3个芽，将上面较强的芽去除，保留左右两个芽。集中力量到左右两个芽上，以促进芽的生长。

粗壮的徒长枝的切芽

枝的根部变粗到一定程度后，将枝叶内侧的芽切掉。这"一定程度"实行起来非常难。不要考虑一刀切，在做出枝叶内侧保不住的判断时，不分时期地进行这个操作。徒长枝力量过于强大时，枝叶内侧就会变弱。

切完后。剪切得太狠，有可能会伤到芽，所以切的时候要留一点在轴部。像这样按顺序来切除，通过枝叶内侧的芽制作枝岐。

操作后（6月13日）。不太粗的枝，使其继续成长。操作时要常关注枝叶内侧的芽，这也是很重要的。枝叶内侧芽减少之后，"接芽"等操作会变得很必要，不然会很费时间和精力。还有只关注增加芽数的操作，树枝根部就不会变得很粗，等树形制作完成后，可能干部粗细平衡上会留有缺憾。在操作的同时，要保持两者的平衡，这也是专家的制作技巧。

第二年1月29日的样子。在这个年份，也要进行与其去年和前年相同的操作。去除全部徒长枝，枝的制作速度也会变快，会越来越接近完工的状态。

切芽的大前提是肥培管理，这是培养过黑松的人都知道的普通做法。一系列的切芽操作，给树带来很大的负担，如果不给树添加足够的营养的话，就不会有理想的结果。

黑松的肥培管理要点是，要放置在日照和通风良好的地方，水和肥料也得准备充足。放置地点也许会有困难，但其他条件是普通人可以做到的。对根部要保持其健康，如果移栽时用土与肥培管理得当，培养的成果也会变得越好。

对盆景整体而言，黑松的培育中，要维持其根部的健康，关键是进行移栽。移栽的过程中，肥培管理是非常重要的。

数年只进行一次的操作，其结果也影响之后几年的状态。

换句话说移栽和肥培管理，是提升切芽效果不可缺少的操作。

根部和枝的关联

盆景的枝和根部有着紧密的联系，枝要成长的话，根部也要跟着成长。为了增加小枝，就要增加分枝，同时小根也会增加。过大的芽力强弱差距，会出现过大的枝的强弱差距，为了实现枝力平衡，也有必要使根力平衡。根和枝以盆的土面为界，形成镜像关系。移栽和枝制作相比，需要同样的关注，只有这样才能顺利实现枝的制作。

当然根部隐藏在土里的话，就不能像枝干一样成为观赏的对象了，但根部能露出的上半部，也能成为观赏的一个重点。每次移栽时，都要整理根的上半部分。还有为了抑制底根，要用横根进行牵制的操作,这样根的上半部分经过岁月的洗礼会变得更好。

"台土"的留下方法和更新

黑松盆景在进行重新移植时，爱好者们可能都会考虑到"将旧土减少到什么程度才合适"这个问题。

将树拔出盆的时候，根和土融为一体，形成盆状的形态，这被称为"根盆"。将根盆解开时，把旧土剥落，称为"拆除旧土"。这种操作，会使根盆的状态发生改变。

一般情况下，附在根部留下来的旧土比例，老树和完成树在 2/3、新树和养成树在 1/2 左右。

黑松在松柏类中属于发根力比较强的树种，但是和杂木类相比又显得比较弱，操作时强度是有限制的。

将旧土全部清理下来，洗净根部，将粗的根部切掉等做法，是必须要避免的。如果这样做了，不仅会伤害树木，其枯萎的概率也会变高。

所以通常的做法是，将根盆的 1/3~1/2 的土剥掉，在露出来的根部附近的地方把土清理掉，用新的土进行移栽。留下来的旧土部分被称为"台土"，台土的底部到周围的部分，要用新土进行填埋。

若台土的土粒减少，透水状况就会变得比较好。经过长年反复操作留下的台土，达到种植土的使用极限，透水状态会变得特别差，在这之前要对台土本身进行更新。

台土一次全部更新会很危险。将台土每次更新 1/4，分 4 次完成，每次分两回进行操作，是常见的做法。

台土的状态非常不好时，不将其拔出。在其表土和周围，或是在 4 个角，将旧土换为新土，等到其新根长出来后再重新移栽，这种也是比较常用的方法。另外用土的新旧，体现在干燥的差距上，考虑这个因素来进行浇水。

还有将所有台土去除的做法。不将根部进行过度切除（只将腐败的根切掉），将很长的根置入盆中重新移栽，这种方法也是可行的。

前者的操作虽然很安全，但树势的恢复却很慢。后者的操作虽伴随着危险，但恢复速度很快。

将
健
康
的
树
木
进
行
周
期
性
的
移
栽

奈良县奈良市

对以切芽和枝的制作为中心的黑松而言，移栽时对根和土的管理，要比肥培管理更为重要。

通常松柏类的移栽，是用完成阶段的树来做的，以4~5年为一个周期来进行。经过长时间生长，树的根部也会被堵塞。根部堵塞的话，水的循环也不会顺畅，同时土的表面也会变得硬邦邦。如果这样放置的话，新根将没有地方生长，芽也会长得很小，枝叶内侧也会衰弱。

下面以快到完成阶段的黑松作为例子，一起来看其重新种植的步骤。

操作前（4月5日）。树高49cm，干径8cm，盆为和式椭圆。这棵树有50年的树龄，已经进入完成阶段，今后要逐步增加小枝，使其具有时代感，以体现出树的独特风格。上一次的移栽是在4年前。

表面的土变得很硬，这是需要移栽的信号。

从盆里拔出来

根部缠在一起，而且很牢固，将其从盆子里拔出来是很费劲的。这棵树该如何操作呢？首先在盆壁与根盆之间挖出缝隙，这里使用镰刀来进行操作。

这个盆是开口型的，即使根部弯曲缠绕照样能轻易拿出。内缘盆和深盆等很难拔的盆，要将其盆底缠绕的根沿着盆壁切掉才能拔出来。

解开横根

扒开根盆时，顺序是从上到下，重要的是横根的处理方法。沿着根出来的方向，也就是说从干部向周围呈放射状的根，用耙子、筷子或镊子来进行操作，在将土清除的同时，把根部解开。用力过大的话就会扯断根部，所以即使麻烦也要小心操作。当根部达到了能看清楚的状态时，就可以用剪子了。

清理底根

这棵树每次都在同一个盆景园里来移栽，极端的粗根已经处理完毕。内部的状态已经看得很清楚了，能把根部清理成这样就可以了。解开根以后，将过长的根、粗根和分解过程中伤到的根都切掉。为了使种植更加稳定，要将底面整理平。黑松的底根要是切过头的话，作品就会变差，那些长势好的根也会走向反面导致枝条紊乱生长。把台土稍微减少一些，再将根部留长一点，这样就符合成品树的操作了。

整理上根

将表面的土进行"疏理"，清理结块上面的旧土（有点苔藓），使根部舒展开来。一边清扫，一边整理不要的根。左半边是操作前，右半边是操作后的状况。在松散的土层出来之前，继续进行整理。在操作前，侧面可以看到絮状物质。这是共生菌，是树势优良的见证，可以放任不管。

处理横根

此树的盆，这次不用更换。将周围的土清理掉，或将根部切除，做到将新土能放进去的程度就可以了。成品树如将过多的土清理掉，或是切掉过多的根，会长出很多的新根，枝也会长得很乱。然而留下过多的话，切芽时其承受力就会降低。这方面的操作十分困难，只有慢慢积累经验，才能掌握其火候。

完成根部的处理

在之前的移栽完成得很好的情况下，就不用过多地进行疏理操作了。即使不疏理的话，底土也会变得像图中这样薄。操作结束后，再一次观察根部，如果向上长出"不流畅"的根，修正其方向或切掉，这是最终的调整操作。

探讨移栽的位置

正面　　　　　　右侧面

在盆穴处，设置阻止土的网和固定根部的钢线，在盆底部铺满颗粒状的土后，立即植入树，并考虑移栽的角度和位置。像这棵树的形态，将树的中心线和盆的中心线相重合，也是一种植入的方法。从侧面去考虑，也是采用同样的方法。前倾的盆景，其根部在盆稍后的位置。在根部较大和盆宽度较窄的情况下，这种方法就不合适了。要尽可能地从正面来考虑树的摆放，这样就能有一个极佳空间及漂亮的景色显现出来。

植入的技巧

选好盆，暂时将树取出，在底部的颗粒状土上铺设种植用土。把树植入盆中，将用土铺高，再将根部往下压，直到其沉下去，这时将根底部填满土。再次确认位置和角度后，用钢线固定根部，在根部的周围加入用土。

用筷子在相同的位置上下挑动，这时手感就会有微妙的变化。如有很强的触感时，说明用土已经填满到位了，再改变位置继续进行上述操作。

特别是松柏类的成品树，其用土特别紧致，使极端长度的根不容易出来。用铲子将表土压实，也是操作中的一环。但是黑松没有必要像五针松那样，用较强的力往下压，力量的轻重是根据经验来判断的。

为了美观，化妆沙是"不得不要"的东西，但没有的话对培养本身是好事。如果放置稍粗的沙粒用土在其表面后，浇水时，水不会很流畅下渗，另外还有小根等很难长出来，这些缺点也是没有办法避免的。

植入的高度

除了黑松，不管是养成树和成品树，很多树木都是"高位植入"的。这是"想看到根部"的表现，是过于极端的想法。

显而易见，一旦细根露出来，就会阻碍根部的生长。将很多底根留下，种植在浅盆里，其结果就是"高位种植"，这种例子也是很多的。

通常来说，在养成树的阶段，为了使根部更好地生长，要进行"深度种植"。在树的完成阶段，为了将老旧感表现出来，将根部露出来种植。还有用土，不能特别靠近盆边缘，在盆缘下 5mm 的位置放入是最合适的。如果细说的话，是要在盆缘放满后，沿着盆缘下压，使其稍稍下沉，再将土填紧。在浇灌水时，要防止水越过盆缘流出来。

在根的周围加入用土并填紧。

用短扫把将表面整理平，再用铁铲压表面。沿着盆缘，把土从盆缘上端，整理成有些往下沉的感觉。

最后将化妆沙铺在用土的表面。

浇水冲掉浮土

移栽后充分进行浇水。

继续浇水直到从底穴流出的水变得清澈，去除移栽中产生的浮土。以后的管理是，白天放置在屋外，晚上搬回棚子里。

树高 49cm，盆为和式椭圆（同一盆）。重新移栽完成。

这棵树是爱好者放在棚场并管理多年的黑松，收藏者自己在合适时期进行了各种操作。其中也进行了切芽和修剪等，所以其树姿没有什么大的问题。

然而经过 10 年也没有重新移栽，这是个大问题。虽然树势不是特别坏，根部也没有什么不好，但不移栽，枝迟早会开始枯萎。

以前这样的事例发生了很多，下面介绍其重新种植的案例。

操作前（4 月 7 日）。树高 38cm。

正上方

盆比较小，土也没有放入很多，然而透水性却不差。苔藓和沙石覆盖在上面，上根的状态不是很清楚。

侧面

从侧面看，根部的前后也没有富裕的空间。根生长的空间也所剩无几。

将树从盆里拔出来要非常小心。但这个盆很小，所以相对来说较简单，沿着盆壁插入镰刀，树就会活动。

拔起树时，立起来拿很方便，但那样容易把树皮弄下来，要用手压着树冠部附近进行。

45

从盆里拔出来的根盆。经过数年生长，其根部长得并不好。如果担心根部打结的话，稍微疏理旧土表层，将其放入大盆中，等到新用土中根已经伸展出来时，再进行真正的移栽。

底部。很长的根来回弯曲地充满了底部，即所谓的"将土吃掉了"的状态。

首先将苔藓和表土脏的地方清除，再确认上根的状态。

露出上根。极度粗壮的根没有看到，但在根部弯曲的位置有较高的根。

整理较高位置的根，并将根部处理齐整

与其他的根相比，在较高地方长出几个中细根。在整个根的梳理中，把高位的根在同一高度处理齐整，是最好的处理方法。

像这些中细根基本上没什么作用，而且下面还有中粗根，所以将中细根切掉。

切除后，其他地方稍稍高出的中细根也做相同的处理。

结合树势将卷曲的根等处理掉

在直立状态下横着切，两根中粗根（1和2）就可伸展出来，这就是卷根，1看起来也没什么用，从根部完全切掉。

2的根尖在进行确认后，发现小根很少，也基本上没什么用，所以切掉。埋在丛根中的切剩下的部分，左右能松动时再拔出来。

上根处理完后。其他部分也有需要再加工的地方，考虑到树势，就不能继续操作了。比如说箭头3处的粗根，如果树势好的话，可以往箭头4处切换。

用钳剪等工具将底部的土清除，把根部较长的根解开。

剪掉较长的根，没有看到易产生问题的粗根。

台土的一半以上都是较长的根，这也说明其常年没有进行移栽了。

有这么多的长根，才会导致上面小根的数量较少。

轻度适当地解开横根

将外围的旧土横着清除，把根部解开。从四角的边缘开始操作，如果有很长的卷根，将其剪短。然而考虑到树势，解开根和切掉根，都要控制着进行。

底根处理前（上）和处理后（下）。厚度已经减少到一半，还可再减少一点，但注意适度。

下次再进行台土的更新

处理完根后。
通常健康状态较好的树，还能再减少一些台土。这棵树小根的量比较少，不能勉强，要谨慎地控制根部的处理。

底面。
长根有很多，但直根和粗根却没有多少。放置之前，能够完成移栽的操作，这是很幸运的。

从新盆开始准备的种植操作

旧盆（里）和新盆（外）。选择了稍微大一点的新盆，确保了根部成长的空间。

设置好固定用的金属丝，在盆穴中设置防土网。

铺上颗粒状的土，再放入新的土。土是市售的专用土，颗粒土选用直径 3~5mm 的，主用土则选择颗粒直径 2~3mm 的。将底部填满不留间隙，在种植位置把土堆高。

在较高的用土上将树植入，把两边的土拢向树附近。

确认种植位置的高低和角度，一旦种下好几年都不能调整，所以一定要细心。

决定种植位置后用钢丝固定。

固定后，在根部周围放入用土。

用筷子等扎透用土，根与根之间用土填充，如果有手感的话，将其移动至根盆（台土）的四周。

完成填充用土后，为了让土变得紧实，在盆的外侧用拳头或橡胶锤轻击，四个边都要做。

最后在用土的表面，用平铲使其均匀后，操作结束。此时不铺化妆沙和苔藓。

从侧面看重新种植后的树。比操作前，根部前后空间更富余。

操作后。浇灌大量的水，将浮土清除直到从盆穴流出干净的水。这棵树的移栽，本身强度不大，但考虑到其树势，弱小的根也有不少，现在暂时放置在棚中管理是最好的。

移栽完成后

这次操作，是更新用土，并把底部伸长的根处理掉。将长根切短，是为了促进小根的发育，下次是要将部分台土清理掉，达到水流畅通的状态。今年停止切芽的可能性很大，明年再进行强力芽切除的一次切芽。

这是常年经由爱好者之手制作的黑松。虽然已经进入观赏阶段，但根部还有问题。如果老树处理不得当，树势会衰弱，到时也许会变得没法进行任何操作。

从现在根部伸展的状况看，不能期待树势有更多向好的生长了。趁着重新移栽的时候，请专家进行大幅度的根部修整。

操作前。树高72cm。上部的枝制作得很好，但根部伸展的状态就不是很好了。之前移栽时，没有进行过根部伸展的整理。其正面是"二段根"。对于竖立的姿态，魄力会有些欠缺，观赏价值下降。

▲ 可以看到有几个根长出来了。盆里面充满了根，已经没有什么空间了。表土也变得硬邦邦，如果浇水会出现"蹦水"的现象，如看到像这样的根长出来时，就是要进行移栽的信号。

◀ 从里面看到的根部伸展。根部伸展的高度不齐，有很多交错的粗根和卷根。本来这些根是在制作根时就要处理掉的。

从盆里拔出后，疏松表土，同时将禁锢的表土舒缓开，还要进行改善透水状况的操作。如果不将上面的土整理得舒缓些，台土内部就会不透水，重新移栽后就会枯萎。

底部和外围的土去除掉的状态。长根尽量不要切掉，将根盆的根疏散开来。去掉大部分土后仔细观察，再将根部切短。到这一步，与普通的移栽操作没有什么变化。

1

将表土疏理后，就能看到粗根的存在。把周围的土清除掉，就可以看清这些粗根的分布了。

11 处理后

切除全部有问题的粗根。剩下的根或极细的根，可以均衡地向四周伸展。

粗根整理的判断、操作及顺序

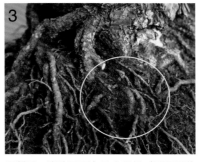

2

处理中央粗根的时候，首先切除中途延伸的分枝。即使这样切掉后，根部的主体还存在，所以没有什么大的问题。

3

切断后。确认下面有几个细根（圆圈里的部分）后，再把它们切除，即使是把粗根整体切除，剩下的粗根也能起到替代的作用。

4

再从根部完全切除粗根。

5

粗根之间的交叉部分（圆圈内），现在想切掉上面的粗根。先判断粗根下面的根没有问题后（箭头）再进行切除。

6

去掉上面的粗根。

7

处理交叉下面的粗根，顺着根部，如图所示（箭头）切掉。

8

根部分枝的前端与切掉的粗根，以相同方向生长。像这样留下来的话，和切之前比，没有什么大的差别，想要切掉也可以，但也存在"有作用的根"的可能性。

9

慎重地将根舒展开后，确认小根的状况。能看出小根发育得并不好，几乎没有什么生长活动。

10

根据判断，就这样切掉也没什么问题，可以从根部切除。

将底部彻底处理

将大部分根处理完后，最后要处理底土和底根。

将长出来的根切掉，将土清理后，再进行切除。

处理后。底根基本上就不要了，如果留长了的话，会阻碍横根和其他根部的生长。

重新制作根部伸展中的重要根

根部伸展整理后，中粗根的重要性也增加了。手指所示的根，要让其继续成长，直到变粗及伸展开来。因为是将来很重要的根，所以这次留下来不切，并促进其生长。通常老树重新移栽时，要将台土清除很多，因此要有效地控制根部的切除。

移栽完成。消除根部伸展的不良状态，整体就会变得很清爽了，期待根部整体的良好生长。

这棵树种植时的用土。左为颗粒状的土（桐生砂单用土），右为主用土（赤玉土7份、桐生砂2份、川沙1份再加上竹炭）。

在整理这棵树根的时候，不要在根之间制造间隙，置放用土时要特别小心。

下垂枝切除和疏叶后。这是改善树姿的操作，还有以移栽为目的削减叶量的下垂枝修剪（枝芯处理）。

无论是把根部制作成半悬崖状的艺术构想（变更种植的角度），还是制作成两个正面的构思，现在首要任务是要对上根部进行紧急处理。

操作前（1月初）。树高 42cm，宽 40cm。树势良好，但用土和浇水的配合不当，导致上根部的衰弱。上根部的细根已经快要枯死了。所以中止改造，抓紧重新移栽。

悬崖树的移栽

修复干枯的上根部

爱知县稻沢市

上根部。有些根还没有到达表面，就已经枯萎了，即使到达了的根也衰弱了。对于悬崖和半悬崖来说，重要的是"拉着的根"没有力量是很致命的。首先要考虑救助上根部，找出补救措施。

不切根进行移栽

从盆中拔出，把根疏解开。在不切根重新种植的前提下，将几乎所有的土去掉。

不切生长旺盛的根，将树放入盆中。

因为根很长，所以用土的填埋操作要花一定的时间，将根与根之间的空隙填满。

这棵黑松的上根部有些衰弱的迹象，可能是用土（桐生砂单用）和浇水的配合不当造成的。

沙子的保水性主要是颗粒间的保水，而颗粒本身的含水性是比较差的。这种盆景用土在单用时，土层上部的透水性很好，下部的保水性也不错，多次浇水会产生不错的效果。

然而浇水次数比较少时（比如1天一两次），土层上部的透水性，反而会阻碍上根的发育。这棵树正是这种情况。因为是以前的老根，再加上日光比较弱等原因，对其生长的影响比较大。

桐生砂单用时，要想取得好的效果，也和浇水的次数有关系，因此对于不经常浇水的人来说，是不适合的。这棵树如果不是单独使用桐生砂，而是配合着使用赤玉土的话，上根部的衰弱可能就不会发生，或是其症状会很轻微。

这个案例说明，浇水和放置场所，要与用土种类相适应，还要同时考虑盆景的操作顺序，这些都是非常重要的。

普通的移栽，但要注意操作顺序

①将一半用土放入盆中后，用筷子插入根群，再用准备好的钢线固定住。

②固定后，填入用土埋实。因为是深盆，所以用这种方法可以很好地填充用土。

③将用土盖上根部，不能用水冲掉，这样的话就没有意义了。

上根部要以用土保护

⑤还有在用土之上，铺上水苔填充满。这样根部就能得到充分的保护了。

④这里用移栽的方法。在盆的根部周围，插上竹签，围成一圈防虫网。

⑦操作完成。虽然样子不好看，却很有效。对于根部的养成，是需要很长时间的，最少也要1~2年的时间。改造操作将在这之后继续进行。

⑥将盆中的用土，按赤玉土7份和桐生砂3份的比例配合放进网中，把上根部附近的所有空隙填满。

成品树的树势下降时，表土会变得很硬，水和空气的流通也变得很差，这种案例有很多。另外台土更新的延迟，也是其枯萎原因之一。

台土的透水性变差的话，要进行松土操作，在表土上面进行。伴随上土的"松动"，就会有一定的恢复。然而是表土和台土两边的原因的话，对台土本身的操作就要进行了。

可是台土的更新对树的负担也是很大的，对于树势衰弱的树来说是很危险的。安全又有效的方法是扩大对"台土松动"的操作。

这棵树就是用"台土松动"的方法使树势得到恢复的例子。以后的管理要与配合用土相结合，这体现出专家所特有的缜密。

操作前（4月4日）。树高 39cm，干径 8.5cm。

盆上有厚厚的苔藓，表土也有点往上突。上次移栽后，已经经过了又一个移栽的周期，好像是经过了 5~6 年。根部正面附近，可以看到令人厌恶的粗根集中起来了，可能移栽时没有机会处理了，这次要把树势的恢复优先来考虑。

枝叶内侧没有芽，从枝叶的叶色和枝头芽的成长情况来看，很明显树势衰弱了，这是因维护不足所引起的。另外枝叶内侧长不出芽，是其根部的原因还是别的原因，在这时是很难判断的。在确认了根部的状态后就会明白。

表土很硬。移栽后经过数年，每日浇水和肥料残渣的沉淀，使表土变得很硬。一般经过 4 年是不会变得这么硬的，这种状态是因透水性很差，导致水无法到达台土的芯部所造成的。重新移栽的话，要进行一定程度的台土更新。

①将盆景从盆里拔出来的顺序基本相同。将盆中根部卷曲的树拔出来，是比较麻烦的操作，而这棵树用镰刀操作时发现意外的轻松。

②从盆中拔出后。侧面和底面小根都已经出来了，这样的状态也不一定是不好。此外，长的粗根几乎没多少。

③这棵树要从底部开始切根，底部本来就是不要的，所以剪除时要大胆一点。从侧面和上面看，对树势的影响也很小。

④将底土清除到原来的一半，修剪突出来的根。不剪切直的粗根，之前的移栽也是这样处理的。

⑤接下来的操作是松动表土。关于这棵树，若把台土中的旧土清除的话，对树势来说是危险度很高的行为。作为替代，专注于将较硬的上土进行疏理。先向台土的芯部打通多个通道，来改善水和空气的流通。再把通道前端的旧土，前后左右轻微松动开来。动作太大的话，会伤害根部，所以动作要小一点，慢慢地改变深度和位置进行操作。

⑥松动台土。用手指按压，一直到有了柔软的手感为止，要对全体台土进行操作。

⑦最后整理上根和横根。疏理台土时会伤害到小根，扒开横根时要轻一点。要考虑原来台土的轮廓，从轮廓上长出的根要切掉。

这棵树的根部处理，底根和上根的操作都很普通，对于台土不进行旧土清除，专注于全体的松动操作。

台土松动操作，相对用土更新来说，对树影响是很小的，但多少会伤害到小根。考虑到这一点，横根几乎不用做什么处理，只将外围的旧土清除，根也要少切。

像这样考虑到根力平衡的操作，对树势衰弱的老树来说，也是比较安全的方法。

如果是树势普通的成熟树，数个周期进行一次这种方式的移植，并不会造成树势衰弱，反而可以维持树势。

根部处理完成。

用稍大的盆移栽

盆的形状多少有点不同，正面、左右的宽度和高度基本相同，不同的是纵深。新盆的纵深更大，盆体变得更宽松一点。但宽松也是有度的，如果太大的话，浇水效果会变差，其土温也会上不来，培养效果反而会不好。大致上是"只大一圈"的程度，对于这棵树来说，这种大小的盆是最合适的。

旧盆（侧面）。
宽38cm，纵深23cm，高10.5cm。

新盆（侧面）。
宽38cm，纵深29cm，高11cm。

①设置好止土网和固定用的金属丝，盆底放入颗粒状土（每粒直径7~12mm），稍微铺得厚一些。

③这次种植的用土层。主用土和颗粒状用土的比例是6.5：3.5。主用土的比例为，赤玉土占六成，相对的日向土、富士砂、桐生砂、轻石各占一成来调配。

②再放入主用土（每粒直径3~5mm）。像这棵树，以树势恢复为目的，使用较粗的土是比较合适的，但还要考虑与浇水相结合，以多次浇水为前提，成品树要用含沙比例较高的用土。如果每天浇水一两回，可防止盆内水量不足。也可以增加赤玉土的比例，或将最小粒土的大小缩小到0.5~1mm。

④深入补充用土。向松动后的台土内部放入用土时，不能过于勉强。健康的树放入几处就可以了，在疏理后的台土内部深处，放入新用土也是可以的。这棵树只能在台土表面和新旧用土混在一起。

⑤种植后。种得不是很深，为了保护台土的上根，要将表土加厚一点。

⑥操作完成后。树高38cm。树势有些下降，今后的管理要有万全的对策。以后的1年里，不对枝叶进行高强度的维护，也不对树进行培养。

⑦移栽后的浇水，以去除操作中残留的灰尘为主要目的，所以从头部浇水的话，效果会很差。

⑧用较细的水浇灌根部是最合适的。不用浇灌所有地方，直到底部流出清澈的水为止。经过一段时间后，再进行第二次浇灌，其效果会更好。

用土和管理的配合是树势恢复的关键

附录

黑松盆景的用土

切芽操作中，黑松的肥培管理是非常重要的，所以移栽的时候，应置入与肥培相对应的用土。这里主要考虑如何挑选适合的用土。

肥培管理对应的用土

用土是盆景种植时要特别重视的，因浇水的频率、放置场所的环境不一样，所以必须选择合适的用土。特别是在树的完成阶段，要分别使用相对应的用土，这样树的制作过程就会变得顺利。

黑松的用土，是要和肥培管理相适应的。用土不仅须具备排水性和透风性，还要拥有适度的保水性。

判断这个"适度"，又是一件非常难的事情。

浇水后，从盆穴排尽剩余的水，用土内的土、水和空气将以一定的比例稳定下来。当用土处于理想状态的时候，黑松的根部会充分吸收水分，使得生长非常旺盛。盆内的水分减少时，吸收水分也会减少。实际的用土与理想的用土多少还是有差距的，根的生长和用土颗粒的崩坏等，会使用土变得恶化起来。

为了提高肥培的效果，要让根部充分吸收水分的时间延长，这是重点所在。专业评定黑松培养的专家在培养黑松时，会使用排水性好的较粗的用土，和多次浇水相配合，每天数次浇水，使根部的吸水状态达到最佳。浇水也会使盆内的空气得到交换，多次的浇水，也会极大帮助根部的呼吸，使吸收水分的总量增多。

然而一般爱好者，像专家一样每天浇水的人非常少。每天不能进行多次浇水的人，应该考虑别的方法。

浇水次数少的肥培用土是哪种

每天只能浇一两次水的情况下，为了防止断水，要使用较细的土，或是增加赤玉土的比例等来应对。

这样做的话，与使用较粗的用土时相比，盆内空气的换气次数要减少，结果从根部吸收的水量也会变少。然而用土的保水性很好的话，即使是少量的水，根部的吸水性也会保持很长时间，这对于浇水次数少的人来说是一个好办法。

保水性好的同时使用能提高透气性的用土，是提高肥培效果的秘诀。

很多专家建议："浇水次数少的爱好者，可以增加赤玉土的比例来防止断水。"这也不无道理。

使用赤玉土，既能提升保水性，又能确保透气性。最适合的是硬质赤玉土。软质赤玉土在移栽之后，和硬质相比没什么大的区别，直到下一次移栽时，整体才会体现出较大的区别。所以要尽可能使用高品质的硬质赤玉土。

如果高品质的土不好获得的话，在购买硬质赤玉土后，将其放在太阳下干燥，再放入塑料袋内或是塑料盒里保存数年，这样便可以提高其硬度，且不容易崩坏。

肥培对应用土的配合

没有沙土时，以赤玉土为主体，用性质不同的各种土混合成配合用土，相比单一种类的用土，其培养的适应范围更广。调配的用土种类越多，各种土的缺点将互相弥补。一般黑松盆景用赤玉土、桐生砂、河沙、富士砂、日向土、轻石等搭配在一起。

用土颗粒的大小，也影响着调配的成功率。不管用土的种类如何，颗粒小的保水性就好，但排水性和通风性就会下降；颗粒较粗的话，排水性和通风性就会变高，而保水性就会降低。简单点说就是小粒保水性好，大粒排水性好。

用土颗粒的大小，需要注意的是其中最小颗粒的大小，因为其会影响保水性和通风性，哪怕只有 0.5mm 的差距，也会出现较大区别。

浇水次数少的人，使用保水性较好的土时，从重视通气性上说，最小粒的细土是不宜使用的。若从肥培的角度来说，使用最小粒中较粗一点的更好，将保水性较高的赤玉土的比例增加，这样的搭配会比较理想。

适合自己的肥培用土

如何找到合适的用土，这是一个关键问题。通常来说都是使用标准的用土，标准用土一般可以达到好的使用效果，如果感到不是太理想时，就要考虑其中的原因了，比如在用土的搭配上改变其颗粒的大小等。

用土效果的好坏体现在芽的生长状态、叶色、叶子的整齐程度等方面。将这些状况仔细观察的同时，再考虑如何浇水、施肥、切芽等日常维护，要综合考虑用土是否合适。

还有也可以使用市售的已经筛选和搭配好了的用土。培养黑松比较有名的专家也经常使用。当然专家使用是为了省力，一般是筛选最小颗粒中较粗的，追加赤玉土和沙的使用量，也是一种很常用的办法，这也是爱好者可以参考的方法。

地方不同的用土	地区（日本）	大作品（完成和维持阶段）	大作品（幼树和养成阶段）	小作品
	东北	赤 7：轻 3 颗粒直径 3~6mm	赤 6：轻 4 颗粒直径 5~8mm	赤 7：轻 3 颗粒直径 2~5mm
	关东	赤 7：桐 3 颗粒直径 3~8mm	赤 7：桐 3 颗粒直径 5~10mm	赤 7：桐 3 颗粒直径 2~5mm
	信越	赤 6：川 2：桐 2 颗粒直径 3~8mm	赤 4：川 3：桐 3 颗粒直径 5~8mm	赤 6：川 2：桐 2 颗粒直径 1~5mm
	东海	赤 6：川 2：桐 2 颗粒直径 3~8mm	赤 4：川 4：桐 2 颗粒直径 3~10mm	赤 6：川 2：桐 2 颗粒直径 1~5mm
	近畿	赤 5：川 3：桐 2 颗粒直径 3~8mm	赤 5：川 3：桐 2 颗粒直径 5~10mm	赤 7：川 1：桐 2 颗粒直径 1~5mm
	九州	赤 3：川 5：桐 2 颗粒直径 3~8mm	赤 3：川 7 颗粒直径 3~10mm	赤 4：川 3：桐 3 颗粒直径 1~5mm

※ 赤—赤玉土，轻—轻石，桐—桐生砂，川—川沙。※ 从各个地方的盆景园中选一个代表园，用电话采访了其用土配合的情况。实际上是根据树的大小和状态，来对应多样的方式，选择颗粒的使用。

标准用土的方式

一般成品树（维持阶段）	新树和幼树的素材（养成阶段）	在深盆中的培养

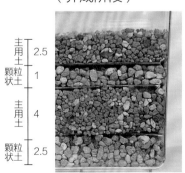

这是最为传统的用土方法，将主用土和颗粒状土分为两层。主用土按赤玉 6 份和沙 4 份的比例，每粒直径 3~5mm。颗粒状土和主用土相配合，每粒直径7~12mm 是标准的。使用浅盆时，最下面盆底要放一层颗粒状土。

想要让树的枝干变粗，小根旺盛的生长很重要，在主用土之间夹杂颗粒状土。虽是 3 层构成，但在将土放进去时，颗粒状土会分散到主用土中。

深盆中，因用土量多，排除多余的水需要时间。大颗粒的粗颗粒土，对排水有很好的帮助，在其之上，堆放普通的颗粒状土与主用土，形成 3 层。

赤玉土

黑松主用土之一。其颜色是黄褐色或是红褐色，呈中性或弱酸性。在日本关东地区的土壤层能够采掘到，干燥、破碎、筛选后，装袋发售。破碎后，差不多跟核桃或小豆粒一样大，将微尘（直径1mm以下的微粒）去除后，被称为赤玉土。因其玉状的颗粒较多，所以起了这个名字。这种用土比较便宜，各大厂商以大粒、中粒、小粒、细粒等粒的大小来区分贩卖。赤玉土的粒被称为"团粒"，是有数量众多的微粒集中成玉状的构造，这就是"团粒构造"。在一粒之中，有无数个细细的"毛管孔隙"，因此有优秀的保水性和通风性。使用前的赤玉土，几乎是无菌和无肥的状态，并且团粒构造可以保持住肥料。赤玉土的团粒构造不容易被破坏，但可以将被破坏的难易程度分为"软质"和"硬质"，盆景特别是黑松的肥培，更适合"硬质"。然而即使标示"硬质"的市售商品，它们的程度也是不一样的，要特别注意。

矢作沙

黑松主用土之一，河沙是其代表。矢作沙，是在日本岐阜县到爱知县之间的矢作川流域可以采掘到的河沙。山地的花岗岩风化或崩坏后流入河里，后由于堆积作用形成颗粒状的沙。现今可用于防沙水坝、植树、整备岸边等工事，但现在也很难开采到了。一般在河川下游流域的这种沙，其棱角会消失，反而变得圆润；在中上游流域，则会保留有棱角。带棱角的沙，其排水性和透气性都非常好，同时也具备保水性，非常适合黑松的培养用土（水泥骨料用的市售品，在下游流域和海岸可以采集到，但多不适合盆景）。名古屋和关西以西的地区，传统上将河沙作为黑松盆景的主用土来使用。作为黑松用土的河沙，其一般是在中上游流域能够采集到的有棱角的沙。然而单独使用小粒时，保水性会极好，但透气性不是很好。因此要将这样的河沙作为用土来使用的话，最好用最小粒中粗的部分。

桐生砂

桐生砂是火山型轻石风化后形成的沙或碎石，在群马县桐生地区可以采掘到。呈弱酸性，黄褐色。颜色和性质与鹿沼土相似。使用前是无菌和无肥的，但含有很多铁元素。其颗粒中有无数的毛管孔隙，因此具有保水性，但保水性比赤玉土要差一些。颗粒较大的，排水性相对要好些。其硬度比赤玉土要更高些，通常经过多年的使用，还可以维持颗粒的状态。它也是盆景的基本用土之一，单独使用的话，排水性过于好，所以通常和赤玉土混合使用。

富士砂

富士砂是在富士山山麓周边采掘的火山灰土。偏黑的红褐色，且棱角多，无菌、无肥且含铁分多。因其多孔质，保水性好。颗粒较大的，排水性会非常好。其质地很硬，不容易崩坏。是盆景的基本用土之一，但不作为主用土使用。为了防止盆土变硬后通气和排水性变差，经常与其他土配合使用。小颗粒的，也有作为"化妆沙"用土来使用的。在盆景界，将其归为山沙的一种，作为火山灰类的山沙，其他的还有桐生砂、日向土、浅间沙、天城沙等，风化的程度也有不同。

日向土

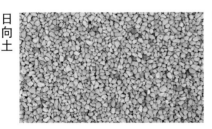

宫崎县日向地区可以采掘到的火山砾，称为波拉土或日向土。外表看上去像鹿沼土，经过高温杀菌的轻石，具有通气性和排水性。因其多孔质，也具有保水性。较为大颗粒的，可以作为颗粒状铺在盆底。和其他用土相比，能快速干燥，将其用作主用土，大多情况是以改善排水性为目的配合使用。

轻石

轻石与火山型沙的成因相同。是相对较新的火山喷出物，还没有怎么进行风化的沙砾。多孔质而且很轻，因可以浮在水面上，从而得名。排水性、通风性、保水性都很优秀。较大的颗粒，多用于盆景和盆植的颗粒状土。其加热处理后，成轻石状的发泡体，虽然不能说是盆植用土，但作为改质材料，可以配合木炭和竹炭在用土中使用。

这是筛选和已经完成调和的用土。松柏和杂木、大作品和小作品都可以用，也可作为颗粒状态的土使用，各配方和颗粒的大小不一样。

松柏用（一般大作品用）。赤玉土、桐生砂、富士砂、日向土等已经品牌化，调配的比例是商业机密。每粒直径1.5~5.0mm的颗粒调合在一起，就可以"立即使用"。

通过数年切芽和移栽等反复操作，知道了所有的方法，但如果不理解操作过程中各自所承担的作用，也不能充分发挥操作的效果。什么时候采用什么样的操作，这意味着什么呢？在1年的时间里，不仅需要考虑操作的目的和方法，还应从10年后和20年后的长远视角出发，来考虑如何制作盆景，并描绘出未来盆景的景象，这是很重要的。

从这里开始，将介绍"黑松全年培养"的重点，其中包含肥培、浇水和适合培养黑松的棚场等管理。

管理篇

切芽前后的制作

全年周期时间表和枝的变化

①4月中旬时的状态。
进行重复的切芽后，变成了相当混乱的状态。像这样放置的话，枝叶内侧就会没有光照，内部较弱的芽就会枯萎。

②减少叶子和枝的数量后。
将混杂在一起的枝切掉，芽的数量减少一半左右。对于培养中的树，这一步可以省略，但进入了完成阶段的树，数年内还是要进行一次整理的。

◆减少叶子的量后（拔除新叶）
【2月中旬至3月（芽活动之前）】
◆修剪和金属丝蟠扎
【10月至翌年3月】

◆摘除没有开叶的新芽
【4月下旬至5月上旬】
◆切牙前后减少枝的梳理
【5月下旬至7月中旬】

关注黑松的切芽作业时期，把操作前后的工作联动起来，才会发挥效果。下面介绍一下4月开始，其生长期的操作流程。

摘除未开叶的新芽

春天开始长出来的新芽一直在生长，这里要进行长芽折断的操作。操作本身很简单，让弱小的芽继续生长，将强力的芽对应一定的长度折取下来。

这是切芽之前阶段的操作，可以发挥芽力调节的效果。小枝的数量增加了，就会自然地抑制芽的生长，所以摘除新芽的机会也不是很多。

极端伸长的芽，要在中间位置折断，或是拿剪刀剪掉来抑制生长。对于长到适当长度的芽来说就没有必要了。

切芽前后减少枝的数量

决定树形的粗枝修剪、拔枝的操作，大多是在秋天进行，如果是为了减少小枝数量而修剪的话，什么时期都可以进行。春天将强力的芽的数量减少，二次芽就很容易变得整齐。观察确认每一个芽，找好新芽切芽时机，这样修剪效率会很高。秋天或春天时，小芽或枯枝，还有枝尖多个重叠生长的芽都可以很容易看到了。

如果重复进行切芽，枝将只会集中到前端，枝叶内侧就会变成枯萎状态。只要有机会的话，就尽量为整理出清爽的枝尖、漂亮的枝岐下一番心思吧。

切芽后的枝。新芽像这样切除也可以，但中央的枝（箭头）的强度比较大。

与左右相比，将较强的中央的枝切除。切芽同时修剪枝叶，将其数量减少，这样做会加快操作的速度。

③6月下旬的状态。将叶和枝的数量减少，准备好生长培养的条件，这时枝叶内侧的芽可以顺利地成长。

④切芽后。本来应该分两三回进行操作，但这棵树需要充实枝叶内侧的芽，所以要同时切掉强力的芽。

⑤10月下旬的状态。二次芽整齐地发芽，现在看到其充实的状况，很难想象半年前将其枝数减少到一半的情景。这之后进行旧叶和新叶的调整，使其芽力平均化。

◆切芽
【6月中旬至7月中旬】
◆切掉或减少小枝的数量
【6月至7月】

◆除芽
【7月下旬至9月下旬】
◆秋季切芽（夏天切芽休息的树）
【9月上旬】

◆梳叶（摘除旧叶）
【10月至11月上旬】
◆修剪和金属丝蟠扎
【10月至翌年3月】

除芽

切芽后，从切除处会有数个二次芽萌发出来。有一两个芽还是比较好的，树势较强的芽，发四五个芽也不稀奇。盆景的枝能分叉是比较理想的，留下强度比较平均和方向比较好的一两个芽，与其他的芽拉开间距。像米粒大小的芽，可以用镊子将其取出。如果错过了时期，用剪刀将其剪掉。芽在较小状态时的操作会很繁杂，二次芽如果处理晚了，枝头就会变粗，推荐在较早阶段开始操作。

在数个芽萌发的同时，用镊子取下比其他二次芽更大的芽，之后再用剪子修剪其他生长的芽。

疏叶（去除旧叶和新叶）

最后的工作是制定好枝的全年制作时间表，这样可以提高叶子(芽力)调整操作的效果。疏叶是根据芽的强弱来拔除新叶和旧叶的操作。叶子数量的增减，是为了改善芽的强弱差距。基本的操作是将旧叶全部摘除，枝叶内侧的较弱的芽不拔下来，保持其叶数，使芽更加充实。

这里的新叶是指二次芽的叶。在春天新芽开始活动前，将现在的叶数进行调整，使芽力平均化。树势较强的部分多拔一点，树势较弱的部分少拔一点（或者不拔掉），将新叶拔掉是重点。

旧叶疏叶的例子。用镊子抓住每一片叶子（两根是一个叶）的叶根白色的部分，向叶子生长的方向拉。

旧叶疏叶后的例子。较弱的芽除外，基本上将所有的旧叶去除。

特别强的芽，像这样将新叶拔除，减少叶数，对其进行抑制。修剪、切芽和减少叶的数量，都是为了芽力平均化。

切芽后的树要比前年更加注重肥培

从春天开始生长的新芽，切除后让其重新长出来，这对树的负担是非常大的。本来应该是在新芽的生长告一段落，进入增粗生长（让枝和干变粗）的时期，择机将新芽切掉，再次使其发芽生长。如此介绍，大家对该操作的残酷性便多少能理解了。

要让切芽后长出来的二次芽变得充实，使树势得到增长，就要进行充分的肥培管理，这是很重要的。若从前年的秋天开始，已进行精心的肥培管理；到春天发芽时，仍需要马上进行肥培，这样树才会变得健康和富有活力。

切芽后吸水量会一时下降

切芽时，除弱小的芽以外的芽都要切除。切芽之后，叶数减少到半数以下，叶子的水分蒸发量也会减少，盆的干燥速度就会变得迟缓了。

肥料和水是树所必需的，特别是切芽时期。离夏天很近的时候，和切芽之前相同，浇水后盆不会变干，一直处于湿润状态的可能性很高，应注意这种情况。与此同时，为了让二次芽早点生长出来，切芽后严禁使用大量肥料。这是因为吸收的力量降低了，所以肥培的效果也会变差，盆内的水分可能会在肥料附近滞留。

切芽之后先停止施肥，在确认二次芽活动后，再开始慢慢地加入肥料，然后再增加用量。对于浇灌，要遵循"保证其干燥"的基本原则，在确认了干燥后，再计算下次浇水的时机。

芽的生长用叶水调整

就算二次芽成功发芽，也不一定会生长得很顺利。在气温超过 35℃ 的酷暑天气，为了抑制树的水分蒸发量，使其不超过必要的量，这时树会进入一时的休眠状态。酷暑天气持续的话，二次芽的生长就会停止，二次芽也会生长不到所需要的长度，这样的例子经常看到。促进二次芽的生长方法是，利用叶水。但是如果用多了的话，叶子会处于湿润的状态，也许会诱发病原菌，要按适当的间隔进行。

如果因酷暑，二次芽的生长不尽人意，浇叶水会很有效。因水分供给和冷却的效果，可以促进其生长。叶水还有抗击虫害的作用。

较好的黑松肥培的案例（秋天的肥培）。为了让二次芽长出来，6月份的切芽肥培是必不可少的。秋天的肥料尤其重要，要使用排水性较好的用土，即使将肥料放置在其周边，也不用担心肥料过多的现象。

黑松◆全年操作时间表的例子

	3	4	5	6	7	8	9	10	11	12	1	2
移栽	■■	■										
修剪·金属丝蟠扎	■								■	■	■	■
切芽·拔芽				■ 切芽	■			二次芽的整理				
疏叶	■	新叶疏叶					摘除旧叶	■				
粗枝整姿	■								■	■	■	■
施肥		■	■	■	■	■	■					
消毒		■	■	■	■	■	■	■	■	冬季消毒 ■	■	■

保持树健康的秘诀

黑松培养管理基础

（浇水、肥料和棚场）

对于黑松的培养来说，最重要的是日照和水。黑松是特别喜欢阳光的，在日照条件好的环境中，只要给予其充分的水和肥料，就会长出很多枝叶，并能健康生长下去。另外在夏天，因要将新芽切除，发芽后又要进行二次芽的切芽，所以要进行充分的肥培和浇水。

浇水

■ 根据根的状况浇水

有一位专业人士曾说："树根部腐烂的话，用土就不会均匀地干燥，只有腐烂部分上的土还是湿的。"根部发生生理障碍时，吸水力的差别会增大，干燥程度的区别就会显现出来。在这个时候只在干的部分浇水，没有干的地方（根部腐烂处），等其干燥后再分时段浇水。到了合适的时期，再进行移栽。

这里可以看到一些常识，例如根部活动旺盛的地方由于吸水快，所以那部分的土也干得快。浇水并不是一个简单的操作，有很多学问。

■ 浇水前确认干燥状态

黑松虽然是特别喜欢水的树种，但一直处于湿润环境，也不是特别好。浇水应在中午之前进行，要在土干了以后再进行浇水。之前介绍的专家案例中，同样是在浇水之前，事先掌握了土壤的状态，在决定好的时间里进行浇水，这是目前最好的方法了。另外要观察土的干燥状态，注意如"不容易干燥了，水不容易渗透了"等现象，这样自然能够把握树的生长状态，考虑移栽和盆景造型等操作时就有余地了。

■ 一般浇水的次数

在春天和秋天浇水时，建议每日 2 次，在早上和晚上进行。夏天一般每日三四次。白天没有时间浇水的话，可以提高赤玉土的比例使盆土颗粒变细，这样可以改善用土的保水性。也可以考虑利用自动灌水器来浇水。虽然所有工作都依赖机器并不推荐，但因为工作等原因导致白天无法浇水时，使用自动灌水器可以防止断水的情况出现。

浇水的时候，要浇到水从盆穴流出来，在顶部浇完一圈后再浇水一次，就可以让水在盆内彻底浸透。

浇水不只是在树的顶上浇水，要达到将盆内的水浸透到底部的程度。还有不能只在一个方向浇，也要在底部所有地方浇。

对因根的生理障碍干燥恶化的树，将盆倾斜，使其水分更容易流出。如果水一直滞留在盆内，症状就会恶化。试着用手触碰它，就会感到有干燥恶化的状况出现。

如果因为下雨天麻痹大意没有浇水的话，会引起断水情况，这种案例也不少。常绿树的叶子比较繁茂，所以小雨的程度是不会使盆土充分浸润的，因此即使麻烦也要撑着伞进行浇水。

自动灌水器作为辅助道具，利用价值很高。将所有工作交给机械去做，不一定很合适，但在白天的浇水或叶水操作中，是可以充分利用的。

黑松喜欢肥料，在夏天切芽时，尽量将所有新芽全部切掉，使二次芽长出来，并确定枝的制作方法，积极地进行肥培管理是主流做法。在水分管理上比较细致的盆景园，以沙为主体，配合较粗的用土，每天要浇几次水并充分地给予肥料，即"多肥多水"的管理方法，这样的培养方法也是常见的。对一般的上班族爱好者来说，这样培养很难，所以要一次性充分给予肥料，使树势增长，这也是黑松培养的一种基本方法。

肥料一般是以油渣为主体的有机固体肥料（玉肥）。虽然见效较慢，但肥效能持续很长时间，可以安全地使用，这是其最大的优点。切芽前想让树势增长时，也可以使用液肥。但是液肥有速效性，有肥料中毒的风险，用量要比规定量稍微少一点，会比较安全。另外切芽后严禁使用叶面肥料。

肥料是在芽长出来之前使用，一直持续到进入 11 月的休眠期。移栽或切芽之后，吸水量会下降，这时可以停止使用肥料，过 2~3 周之后再次开始。如果排水性没问题的话，梅雨时期没有必要使用肥料。

春天的肥培例子

秋天的肥培例子

4 月上旬施肥的例子。黑松是需要肥培树种的代表，但是如果休眠期一过就使用强力的肥培，会对树产生不好的影响。所以一开始要少量使用，之后再慢慢增加施肥量。

8 月以后的施肥例子。大作品级别的树，要施放 14 粒肥料在上面，一般专业人士都用这些肥料进行肥培。排水性较好的用土，在夏天前给予这些肥料也是没有问题的。但是需要注意对于透水性较差的用土，这个数量容易引起肥料中毒。

将玉肥放到盆的上面使用。盆的尺寸在 1 号左右，1 个就可以。吸收养分的是前端的小枝，将玉肥设置在盆的边缘比较合适。

肥料变得很糟了，就不能指望其肥效了。玉肥的使用期一般在 1 个月到 40 天之间。崩坏的肥料放在表土上，会污染表土，所以要尽早更换。

如果玉肥一直放在同一个地方的话，根的生长就会偏移，因此在更换的时候，要放在与上一次不同的地方。

使用沙和筐实现极限排水的强力肥培

将肥料和水一起放入盆内，其他多余的养分会和水一起排出去。也就是说在排水性较好的环境里，即使进行强力的肥培，也不用担心肥料中毒的现象出现，反而会有很好的肥培效果。一些高手爱好者为了追求极限的排水性，将盆换成筐，单用沙作为用土进行培养。这样水的管理需要非常细心。

使用朝明沙（矢作沙也可以）2 份，桐生砂 1 份的混合土。培养用土的颗粒直径是 3~5mm（右）和 2mm(左)。在装入盆的完成阶段，按赤玉土、朝明沙和桐生砂的均等比例来改变用土。

先植入筐里，再套入尺寸较大的筐。放入颗粒直径 3~5mm 的用土，然后再放入直径 2mm 的用土。放两道筐是为了确保根的生长范围。如果只是为了长大，较粗根的生长可能性很高。设两道筐，可以使粗根被限制在小筐里，更换树盆时，对根的处理就会很轻松。

喜欢日照的黑松，在日照和通风条件比较好的环境里生长是最理想的。全天日照都比较好的地方是最合适的，对于一般的住宅来说，像那样理想的地方是很难找到的。但也要选择将盆景放置在日照条件较好的地方。为了日照和通风，最好在屋顶上搭棚，这样的例子也很常见。屋顶的日照和通风条件都特别好。但通风性太好，也会导致干燥得过快。在确保了水源和防止掉落的条件下，将屋顶搭的棚作为棚场来使用就比较完善了。

黑松因耐寒性很好，在北海道等大雪地带以外的地方，即使冬天也可以在棚场进行管理。

关于树势下降的保护措施

上图的黑松入手时，其树势是在下降的状态，在春天进行了移栽，这是一个正在培养中的素材。为了树势恢复，也可以考虑将树搬到保护室里。但在原来生长的地方，日照和通风条件都比较好，更适合黑松生长，因此也可直接在棚场进行管理。

冬天管理的例子

如果不担心积雪将树枝折断的话，即使下雪也应放到屋外管理。

整姿的树或预定要出展的树，为保持美丽的叶色，需要放入室内保护。

日光没有被遮挡，或全天都能被日光照射，这是培养黑松最理想的环境。按适度的间隔放置树，彼此之间有充足的间隙，也就不用担心通风性的问题。过道空间也要非常充裕，这样每天浇水时也会很轻松。不能在棚场内塞满树来培养，在自己的能力范围内来管理树才是最好的选择。

病虫害对策

黑松习性比较强健，是对病虫害有很强抵抗力的树种。在日照条件好又清洁的棚场里，正常进行肥培和健康的培养，它就很少会受到病虫害的侵扰。即使受到病虫害侵扰，也能将损害降低到最小程度。药剂消毒是为了预防病虫害的辅助措施。为了树的健康培养，要对病虫害有基本应对措施。这里首先介绍黑松易发的虫害，其中具有代表性的是棉红蜘蛛。

■ 棉红蜘蛛发生的时期

属于螨虫类，为红色或橙色，是体长不到 1mm 的小生物。它在松柏类树木上寄生时，一般在叶子的表面为害。在侵入杂木类的时候，一般在叶子的里侧吸收汁水。成虫每天会在叶子的里侧产小小的卵，生存期内会产卵达 100 个左右。夏季 4~5 天虫卵就会孵化，半个月后就会变为成虫，然后接着产卵，因此它能在较短时期造成广泛的虫害。在温暖的地区，成虫会直接过冬，通常会以卵的状态过冬，至次年春天孵化，并繁殖增多。

■ 抑制棉红蜘蛛出现的重点

螨虫类并不是昆虫，所以使用杀虫剂基本上没什么效果，要使用杀螨虫的专业药剂。

棉红蜘蛛的虫害出现后，其快速繁殖起来的可能性很高，所以要在初期阶段，就阻止其繁殖。因为棉红蜘蛛是以卵的状态来过冬，所以在这个时期将其驱除，就可以抑制它的大规模爆发。尼索朗对螨虫的卵或幼虫的杀灭效果非常好，残效性也很好，在春天开始的 3 月和活动频繁的 7 月开始散布，效果可以持续很长时间。也可以混用石灰硫黄合剂，在休眠期中，尼索朗和石灰硫黄合剂同时散布也是可以的。另外胺磺铜可代替石灰硫黄合剂使用。胺磺铜是有机铜剂，螨虫不会对其产生耐药性，所以可以重复使用。扑虱灵（脱皮阻止剂）也对其卵和幼虫有很好的杀灭效果。

每年棉红蜘蛛发生时，都可以用杀螨虫剂等农药来去除成虫。对于卵和幼虫来说，散布药剂最有效果。

■ 散布药剂的注意点

世代交替比较快的棉红蜘蛛，同样的药剂连续使用的话，会出现产生耐药性的情况。在散布了杀螨虫剂 20 天前后，棉红蜘蛛再次出现的话，其耐药性的个体出现的可能性很高。像这种情况，就要用其他种类的杀螨虫剂了。为了不让其拥有耐药性，准备三四种有效成分不同的药剂轮番使用。另外具有耐药性的药停止使用 2~3 年，等几代繁殖交替后，再次使用时效果又会变好。

棉红蜘蛛比较怕水，抑制棉红蜘蛛，使用叶水也会很有效。最好让叶子在浇水 2 小时内恢复干燥状态。如果叶子一直处于湿润状态，就会促进丝状菌的生长，使叶子生病。

棉红蜘蛛应当早期发现和去除。叶子被吸汁的部分会成点状褪色，产生白色的斑点。这些斑点会变大，使叶子整体变成白色。一定不要看漏了这些症状，要及时使用杀螨虫剂来对应。

被棉红蜘蛛侵害后的叶子，有一部分变黄。

棉红蜘蛛怕水，在叶子发生螨虫的夏天，使用叶水的话，可以抑制虫害的发生。

■ 适合散布药剂的时机

散布药剂不宜在晴朗的白天，而是在阴天或是日落之前进行最好。在晴天的上午散布的话，由于气温急剧上升，药效很可能就会下降。害虫比起在白天，更多的是在傍晚以后开始活动，在傍晚喷洒是兼具安全与效率的好方法。还有在风很大的时候，药剂会被吹飞，也会对邻居造成麻烦，所以尽量不要使用。喷洒的量要覆盖叶子全体，呈细雾状程度就可以了，不只是表面，内侧也要充分地覆盖药剂。

■ 杀菌剂散布的技巧

引发植物生病的病菌，分为病毒、细菌、丝状菌（霉菌）这三种，其中约80%的情况是由丝状菌引起的。丝状菌喜欢多湿的环境，降雨之后其活动会非常活跃。所以要在下雨前后，预防性地散布药剂，以抑制丝状菌的发生和增殖。当然，雨水会把药液冲走，因此要在下雨前1小时喷洒，让药效充分留下来。在做预防性喷洒的时候，要确认好天气预报，在下雨前后进行是诀窍。

■ 杀虫剂散布的注意点

在使用杀虫剂的时候，药剂的喷洒不仅扑灭了害虫，同时还扑灭了害虫的天敌（瓢虫等）。无目标的喷洒，反而会有遭受害虫侵害的可能性，所以不是特别推荐。使用杀虫剂要在害虫开始活动的时候进行，或者一发现就立即喷洒，这是基本操作。预防性喷洒时，要使用从根部有效成分能被吸收的颗粒药剂，这样可以对侵蚀树的害虫有直接扑灭的作用，对防止虫害扩大有很好的效果。

■ 关于冬季的消毒

在休眠期的消毒，是对特定的病虫害而准备的对应方法，也是为了预防全体病虫害的发生而进行的喷洒。其中最能发挥效果的是石灰硫黄合剂，对杀虫和杀菌两方面都有作用，单独使用这种药剂，对于预防病虫害有很好的效果。喷洒方法是12月至翌年2月之间，大概喷洒2次（每月1次也可以），并按15~40倍的稀释率调配。如果石灰硫黄合剂很难入手的话，推荐使用杀虫和杀菌两方面都有效果的胺磺铜（铜剂）。但是气温超过28℃的话，其药害就会显现出来，所以只有在冬季和春季可以使用。

喷洒药剂的例子。药剂只从上面喷洒的话，效果会很小，害虫和病原菌都潜伏在枝叶内侧，因此在内侧也要充分地喷洒药剂。

附在新梢上的虫子。看见害虫后就要捕杀，或是用喷雾杀虫剂来对付。

当新盆有污迹时，就要怀疑害虫的存在，并进行仔细观察。这棵树的盆边有污迹，仔细观察树的话，会发现有大量的油虫寄生在上面。

将棉红蜘蛛和树生理障碍区分对待

叶子变黄或是变成黄褐色的时候，首先会要检查是否被叶螨虫类侵袭。但是在不能确认有虫子时，有可能是根生病了，或营养不足等原因造成的。出现症状时，先向叶面喷洒液肥，按3日间隔两三次喷洒，再观察其状况。过了一周，如果叶色变回来的话，就可以判断其营养成分中微量元素不足是主要原因。使用的液肥商标上表示含有"硼酸、锰、苦土和尿素的复合液肥"是最好的，加入尿素，药害就会减少。若硫酸或硝酸等和尿素有同等浓度的话，也会产生药害，所以尽量要避免使用。

叶色变坏的黑松。因为这棵树根部生病的原因，导致树势的降低。

油虫

■ 发生的症状和性质

油虫体长 1~3mm，在新梢部或叶子里侧聚集，由数十个到数百个组成一个集团，寄生并吸收汁液。它也是煤烟病等病的媒介，可以在短时间内产卵和生长，如果放任不管的话，会迅速繁殖。多发时期是在 4—10 月。油虫以卵的状态过冬，春天孵化后继续繁殖。作为天敌有瓢虫和共生的蚂蚁，如产生油虫的可能性很高时，也可考虑用天敌来应对。

■ 对策和有效的药剂

当发现油虫的时候，就要喷洒有效的药剂进行清除。

蚂蚁和油虫。蚂蚁喜欢油虫喷出的体液，若能看到蚂蚁的话，存在油虫的可能性很高。

介壳虫

■ 发生的症状和性质

发生次数为一年一两次。幼虫外皮比较软，成虫会变成壳状。由于其被坚硬的外壳覆盖，大部分药剂没办法浸透，很难将其驱除。成虫在 5 月时进行产卵，在这个时期幼虫为寻求寄生的地方，会开始移动，因此在 5—7 月之间喷洒药剂是最为有效的。这之外的时期看到介壳虫的话，除了将其用镊子将其取下来烧掉外就没有什么好的对策了。

■ 对策和有效的药剂

发现后，将每一只用镊子取下来是最朴实的方法。因壳中有虫卵，取下后注意不要将卵掉到盆内，以免孵化后再次寄生繁殖。操作时要在下面铺上报纸，在表土上也铺一些东西防止虫卵的扩散。去除之后再喷洒药剂就可以了。杀螟松、高灭磷、马拉硫磷、异恶唑硫磷、速扑杀等是有效的药剂。扑虱灵对介壳虫幼虫和卵也有很好的杀灭效果。另外还有作用于代谢的脱皮激素，其具有缓释性，不会立即产生效果。总之，及早采取应对措施可以防止虫害扩大。

食心虫

春天到初夏的这段期间，虫子会在树的新梢部打开像针一样的小穴进入树体，然后侵蚀内部。芽的前端会变成红褐色，而枝叶开始枯萎。入侵的痕迹不是很显眼，所以早期很难发现，等出现了症状后，才注意到食心虫的存在，这样的例子占到了一大半。在新芽开始成长的时候，喷洒有效的药剂，不让成虫寄生上去，这才是最合适的办法。杀螟松、高灭磷和醚菊酯等是有效的药剂。

被食心虫侵害而枯萎了的新芽。

煤烟病

煤烟病是由寄生的油虫和介壳虫的排泄物污染了空气，使霉菌繁殖而形成的，霉菌覆盖在枝的上面，变成黑色煤烟状而显现出来。霉菌本身可以靠喷洒有效的药剂来应对，但对煤烟病的害虫也要同时进行喷洒消灭，否则就会重复发病。四氯异苯腈、甲基托布津、福代锌、代森锌等是有效药剂。

因煤烟病表面变黑的枝。

叶枯病

这种病 8—9 月会使叶子出现淡褐色的斑点，并以这种状态过冬，第二年春天树木就会受到影响。叶的颜色先变淡，然后叶子全体会变成褐色后掉落下来。虽不会马上枯萎，但病害扩大后会成为树势下降的原因。在夏天看到叶子部分颜色变浅的话就是叶枯病，春天到夏天期间叶子变黄，从前端开始有一半变色，并逐渐枯萎掉落，这种情况可以归类为红斑叶枯病。

造成这种病的原因是丝状菌（霉菌），对应方法是使用有效药剂，以防治煤烟病方法为准。

因枯叶病而变黄的黑松。

黑松和其他盆景一样，是经过常年的岁月而逐渐生长起来的。

这里对黑松的制作过程，是通过一个季节或一年的追踪才取得的。每一个黑松制作的具体例子，都包含着每个季节的操作，还有色调改造、维护等内容。

这些例子体现出操作者对提高树格的激情、娴熟的技巧和多年的修行，以及在实际操作中得到的宝贵经验。从这些实际案例中，可以窥见到他们的一些制作思路。

综合整形篇

这是一棵从自然界中获取，具有个性的树。我们受委托对其进行为期1年的追踪采访。采访的时候专家正准备培养改造这棵树。

这棵树体型较大但枝数较少，预计改造很快就能完成，照片中很容易看到树干的纹理和枝的形状，可以预测树的风格在短期内有向上改变的可能。

然而当这棵树开始制作时，却包含着高难度的操作内容。虽然很难，但根据技术和经验判断，能使这棵树大变样的可能性也很高。

如今像这样的树也很容易入手了，对于初学者或中级爱好者来说，是比较适合挑战的素材。如果欲望太强的话，这棵树也有可能会变成失败之作，但是如果害怕失败，以后是不会有进步的。

操作前（3月9日）。树高52cm。

从自然素材开始制作，已经过去30年了。这棵树具有十足的魄力和沧桑感。为了提升树格，切芽是不可缺少的。去年没有进行切芽和去除旧叶，导致树势虽然很好，但芽力的差距变大了。从种植的角度考虑，要在增强树干纹理后再开始进行改造。

右侧面。主干的中间有一个枝是这棵树的个性，风化和白骨状的枝干是主要观赏点。

活用看点变换角度

试着将树的左边抬高，强调向右边倾斜。从竖立的状态来看，垂直伸长的干，是负面的材料。中间从右边弯曲出来的干，也可以看出间隔比较大。

再试着把右边抬高，使枝稍微伏下来，从这种状态可以想象出强力凝缩的沧桑树姿。

从右边的状态稍微向前倾斜，就会强调枝干风化和白骨状的情景。这次决定用这个角度来改造。树冠有些重的话，可以用剪枝来应对。

新正面的整姿操作

3月9日

正面角度改变了的话，枝伸出来的方式也要改变，将其修改成符合新树纹理的枝。从某种程度上来说，事先想象完成时的姿态操作才会顺利。仔细观察枝的顺序，考虑要拔掉的枝和留下的枝，同时也要考虑留下枝条的培育方法。

剪枝后，树冠变轻了。

手里拿着的是剪切下来的枝，这棵树的枝数也不是很多，大幅的剪切也就是这种程度了。

右下枝——

操作前。树冠感觉有些沉重，是因为右边的枝突了出来（右下枝）。从里面可以看到右下枝粗壮的枝干（箭头）。这是为了悬崖枝的风格刻意让其生长的。

剪切后。剪掉多余的枝后，要利用好空出来的空间。察看被切下来枝的根部，同样粗细的枝从一处出来了 3 枝，将这些附着的枝剪掉是为了防止其变粗。

保护枝叶内侧的切法和疏叶的调整

切掉后。顺着外侧较强的芽进行剪切，将不要的枝取下来。这样做可以抑制强力的枝，帮助枝叶内侧较弱的芽生长。

切掉后右侧面。因为是芽开始活动前的时期，所以切掉的量大一点也没问题。关注今年的切芽，使芽力平均化。

疏叶后。前年没有切芽的树，其芽力差距较大。现在是适合疏叶的时期，剪枝后，再进一步疏叶，这样对芽力的平均化会有很大帮助。

疏叶后的后侧面。将较强部分的旧叶全部去除，新芽也进行疏叶。较弱的部分将旧叶留下，尽量控制叶子的调整。切除和疏叶也是为了蟠扎做准备。

前枝整形后。以前的枝是向右的，将右下枝切除后空间得到延展，消除了树冠部的不自然感。由于前枝的移动，到树冠的主干呈现出大大的弯曲，可以说是一石二鸟的操作。

整形结束。以移动的前枝为基准来决定和调整各个枝条的平衡。将小枝压伏下去，改善枝叶内侧的采光和通风条件。一般蟠扎好后，也没有特别的事情要做了。后下枝等间隔比较大的枝，也有直接使用的情况，等待主干中间的芽萌发后再说。

整形后右侧面。

前枝整形后右侧面。

操作前（7月1日）。树高53cm。叶色很好，叶子也生长得不错，乍一看还是很健康的。但在这个时期，整个芽却都长得不太好。这恐怕是由用土而引起的。虽使用了透水性和保水性较好的用土，但根的生长还是不太理想。以前的收藏者将其作为"文人树"来看待，并决定了不进行肥培，虽然枝叶很整洁，但芽力的差距很大，所以要进行二次切芽。

树冠头顶部

芽数众多而且树势较强的地方，芽也生长得很好。但是较弱的芽分散在枝叶内侧，所以芽力的差距较大。

右下枝

整形时转动到前枝的部分，枝头芽的生长也是中等程度。但是枝的内侧也较弱，出现了相当大的芽力差。

74

切掉树冠的弱芽。此处的芽即使较弱，也和下枝枝头的芽是同等的强度。

将右下枝前端有些强的部分切除，下枝和枝叶内侧等较弱的芽留下。

虽然操作者判断是二次切芽，但因为采访的关系，要紧急变成一次切芽。操作者选择了在切芽的同时进行疏叶，这样芽可以得到与二次切芽操作后相同的整齐度。现在这棵树也只能做到这种状况了。

切芽后。不切较弱和特别弱的芽，只切较强和中等强度的芽。

疏叶后。切芽后，较强芽的旧叶要重点筛选摘除。因强力的芽较少，要摘除的叶数总量也不是很多。

操作前（9月21日）。

切芽后。

树势较强的部分

树冠中间和枝头有很多发芽 2~4 个的。左边的小枝发了 3 个芽，右边的小枝发了 2 个芽。左边二次芽的强度没什么区别，所以将水平的 2 个芽留下，右边只有 1 个芽发芽，所以全部留下。

树势强的部分

头顶部有些枝发了四五个芽，这是发了 4 个芽的枝。留下一个中等强度、方向好的芽，取下其他芽。较小的侧芽位置不错（箭头处），保留 2 个芽，去掉其他的芽。这样可以抑制枝尖的芽力。

叶子长到预想的整齐度

第二年1月31日

操作前。

终于将二次芽修齐整了

11月1日

切芽后过了约40天。只发芽了一两个，留下来的二次芽终于赶上其他的芽了。

实施悬崖风格的移栽

3月11日

操作前（3月11日）。

操作前右侧面。

树冠部。

外部和枝叶内侧的差距还很大，头顶部和中段部分的芽力差距已经很小了。

右下枝。

在这里枝头和枝叶内侧的芽力也有差距，枝外部和树冠外部的芽力差距基本上没有了。叶子的长短也很整齐。

通过更新用土来改善作品

1

从盆里拔出来，看起来要定期进行移栽了，根的健康状况还不错。

底面。根部长长地伸展，但并不是很丰满，长根也很细。

这棵树根的健康状态并不差，用土是其无法继续制作的原因。考虑到今后的制作枝的作业，更换排水性较好的用土是最好的，另外作业过程中不要过多触碰台土或根部。

对于这种树的正式移栽，要等到在新的用土里长出新的根时才能进行。

6

处理根后。透水性不是很差了，树势相当于普通的树，这种程度下，扒开根部（将台土剥落1/3）也没问题。为了安全起见，尽量不扒横根。

7

根处理后（底部）。底根和底土尽可能取出来，考虑到与上部枝的平衡，这样就可以了。

8

新盆（紫泥古镜型）。直径比旧盆要大一点，深度则稍稍浅一些。具有时代感的盆更能融合到作品的氛围中。

3

梳理表土。表土非常坚硬，有必要梳理一下。将苔藓和酸化的黑土弄出来。

4

表面（根部附近）要特别梳理一下。这次没法整理盘结根部，只能将枯萎的根和从土里伸展到表土的细根沿台土边缘切除。

5

把底根扒开，将长根切掉。再将旧土在安全范围内剥落，空出放入新用土的空间。

移栽后（3月11日）。树高52cm，盆为紫泥古镜型。

操作前（去年3月11日）。

树枝表现出的风韵

回顾一整年的操作，从最初正面的选择，到之后的切枝和整形，便决定了树姿发展的大体方向，连续的切芽操作也使其得到了充分的成长。

当然，维护和切芽不是1年就会结束的，每年都要重复进行，逐渐提升树的品质。

虽然这棵树的下枝和树冠部的芽力差变小了，但枝叶内侧的芽还很弱，从枝头到枝叶内侧方向，还留有芽力差。肥培可以使枝叶内侧芽的力量得到增长，为了达到芽力的平均，这是必要的操作，在达成一定效果之后，余下的操作应该能轻松不少。

像这棵树的形态，如果树枝过度伸展、混杂，就会失去韵味。怎样控制才能展示树枝的魅力，这是将来的课题。

原生直干 从去枝开始展现古木感

爱知县丰桥市

三面树姿

主干竖立时可以看到有一定可欣赏的角度，从枝的附着情况来看，从正面修改会很困难。外露的上根部也很弱，移栽时，取下其底根可能会有所改善。

操作前（3月下旬）。树高43cm，干径6cm。这棵树到此时为止已经生长了35~36年，是部分完成的中型作品，其枝条有些过于紧凑。枝在制作时不能停止修剪，不然，枝叶内侧就会衰弱。另外因枝数减少，树木更容易维护，同时也会逐渐呈现出古朴感。

这是爱好者常年在盆里精心照料的原生直干树。虽然制作得不错，但还是有缺点，作为素材想要将其改造的人不是很多。

但是其缺点并不是克服不了，细心维护的话会变成令人期待的素材。今后主要的任务就是切枝。要表现出古木感，就要从盆景最基本的操作开始。

将枝数减少的话，会面临去除哪个、留下哪个的问题。先分析现在枝的生长状态，再去考虑枝的配置。①选择粗细和高度与主干相适应的一个枝（最下枝）。②从第一个枝开始，一段一段地将间隔（间段）向上提，使其变狭窄。③将左右横着的枝，设置到有一定的角度。④后枝叶做同样的操作。⑤决定头部（树冠）的中心，在其周围配置合适的小枝，制作成一个树冠。这棵树因是棵直干树，所以树整体盘错较少，比较容易读懂。首先要选择第一个枝，A过于粗了，B和C比较合适，在这里选择B。第二个枝因为A被拔掉了，所以只剩下D了。直干的话，基本上第一个枝和第二个枝就能决定树的架构了。

读 枝

C　B　　　　　D　A

专家在看到这棵树的瞬间会立即指出："这棵树的枝读懂了，这是第一枝，这是第二枝。"并锯掉不要的枝。

锯掉枝后。一般爱好者应先观察一下上面（上边的枝）再进行操作为好。

决定第一枝和第二枝。

哪个更适合作第三枝

左边长出来的枝a、b、c是候补（后枝是一枝和二枝之间，已经决定好在后方的枝）。本来b比较合适，但其根部比较细。c长出来的位置有点太高了。因此选a，虽然有点低（接近二枝的高度）。

不用必须遵守的基本准则

从第三枝往上的部分，按照基本操作恐怕行不通。它们与其说是在树的中间，不如说是靠近头部，所以必须要配合前枝。还有枝数虽多，但不一定在合适的位置。比如说c、d、e的枝根部靠得比较近，将c拔掉的话，三枝上部距离下一个枝就比较远了，所以把c在中段切掉使用。还有d和e作为前枝或右枝使用，两个一起使用的话就会离枝根部太近，所以要拔掉d，只将e作为前枝使用。

整形时给树的"骨架"加上风格

整形的重点是将各枝长短制作得参差不齐。为了不让其变得单调，决定修剪一枝和二枝的架构，并增添其风格。

在"读枝"的阶段就已经决定好怎样制作了，所以蟠扎相对就简单了。直干树的话，配合主干使枝伸直就可以了，将枝做成弯曲形状会变得很奇怪。枝的上下前后左右的角度也要进行微调，任何枝都不能再中途弯曲，一定要注意要从枝根部开始，沿直线向外整理。

拔枝后。在处理好小枝和疏叶操作后，蟠扎的准备工作就完成了。从主干部的粗细、树高和第一枝的高度等考虑，这棵树将作为中等作品来制作。在树高的范围内，调整枝长短的极端差异，是很困难的。但也可以考虑以三角状的轮廓来完成作品。

蟠扎整形后。这棵树的主干是笔直的，但能看到底部向左延伸的长根，受其影响会有从底部向右上方倾斜的印象。将左边的最下枝作为第一枝，也是为了使树的特征更加生动。

①这棵树去年已经进行了移栽，今年原本没有再进行的必要。但为了修正干部的倾斜，要简单地进行移栽。现在看上去，根的状态非常好。

②根部没有过度缠绕在一起，所以还是很容易梳理的，原土最好保留下来。

③扒开根后。去年的移栽比较深入，特别是底土崩落得比较彻底，快到了直根的位置。这次简单移植就可以了。

④移栽结束。这是换盆的简单移栽。

6月中旬　实施二次切芽

这棵树虽说要进行换盆的移栽，但受去年连续移栽的影响，芽的活动和生长都延迟了；到了切芽的合适时期，芽也比较分散。像这样，芽的强弱差距比较大，无法用一次切芽来解决，一般就要用二次切芽来应对。

平常的话要切芽后要让树休息，但为了守护枝叶内侧较弱的芽，需要把干部长出来的芽切掉。

操作前（6月中旬）。

第一次切芽后。将弱的芽切掉，预定10天后进行第二次切芽（强的芽）。

树冠部附近

切芽前

切芽后

切掉箭头所指的芽。因为是树势较强的部分，所以切芽的数量较多。将一些较强的芽也切掉，会有守护枝叶内侧较弱芽的效果。和一般的切芽不同，这是比较特殊的技法。

枝叶内侧部分

将箭头所指的芽切掉。关注头部切掉芽的数量、大小、强弱等因素。其中特别强力的芽，枝根比较粗，为了考虑平衡性，需要把它们切掉。这些从枝干上发的芽，是由于重复切芽导致的。

切芽前　　　　　　　　　　　　切芽后

在整个二次芽发芽不好的情况下，这些芽是例外，发了4个芽。

除芽后。除芽的通常做法是，将上下的芽切除。秋天或冬天去除旧叶时，可以同时进行除芽。这棵树的话早点进行效果会更好。

枝头芯部的特殊除芽

像这种二次芽强弱差比较大的树，除芽对其更重要。去除掉众多的新芽，充分发挥剩下的芽的活力，有助于弱芽成长。在7—8月时进行会更有效果。

7月中旬

二次芽的发芽并不好，芽力差变得更大了。这棵树移栽后芽的成长延迟了，芽力差较大的树更需要除芽。

左右枝的二次芽的发芽有较大不同。两根分开的枝头，左边长出了3个芽，右边只发了1个芽。

为了使左右的芽数整齐，将较多的左边只留1个芽。左右芽数不一样的话，整理枝的时候会很麻烦。

这个分叉原本是枝头芯部，如今分成2枝，将来会形成新的左枝和后枝。新的枝芯为箭头处的芽。

从平庸的原生树到正式的直干树

将树枝剪切整理，是制作盆景整体骨架的重要步骤，是为了将来能制作成有沧桑感老树的操作。这棵树虽有树势较弱、芽生长较迟缓、芽力强弱差较大等不利因素，但至今都还算成长得比较顺利，作为1个季节的成果，只能说还可以。

即使今年二次芽的发芽很差，树也不会立刻变得不行。其成长效果也就多少会比原计划的略晚一些。

在黑松制作中，切芽是需要每年重复的不可或缺的操作，这棵树也同样要切芽。

像这样的黑松，也有很多爱好者在自己的棚场里种植，如果以锻炼为目的，可以试试进行切枝等修剪操作。

除芽后的样子（7月下旬）。具体的除芽操作已在之前介绍过了。之后要将所有枝上的芽都进行除芽。

这个季节结束时的树姿（10月上旬）。树高43cm。

在黑松的制作过程中，切芽的同时也要进行修剪、疏叶、蟠扎等操作。对于枝叶内侧特别弱的树，抑制外侧较强芽的修剪（切除）是非常重要的。

单独进行疏叶，其抑制效果也不错。叶子和枝一起修剪的话效果会更好，这样可以促进沉睡中的芽或树干中间的芽的发育。

在进展十分顺利的时候，修剪是使枝叶内侧力量恢复的基本操作。虽然手段老旧，但没有这样的维护，无法实现枝条的深入制作，盆景的长期维护也将变得不容易。

来看一下专家充实枝叶内侧的案例。

操作前（3月15日）。树高42cm。主干的荒芜感和古旧色具有一定格调，这是棵代表黑松风格的树。它5年前还在爱好者的棚场里，因为树势变差，主人没法处理，才来到了专家的手中。这棵树枝叶内侧的芽基本上处于没有生长的状态。

最后阶段主体的维护进行了5年，像这样枝干中间的芽（箭头）到处都可以看到，这些芽很重要。

休眠期的修剪

3月中旬

■ 修剪徒长枝

接近树冠部长出来的枝，在强力向外伸展。这一类徒长枝，当完成一定程度树形的时候，多被叫做"飞芽"。

这棵枝的缺点不只是长得太过，还有其间隔太大。所以要修剪分枝并切除小芽。

■ 修剪粗枝

中段枝的枝头有粗的充实的枝。粗细平衡不是很理想，也就是说接近无序生长的状态。

这样制作的话，粗细平衡不仅没有改善，还会恶化下去。

1

前端拥有复数芽的枝（箭头），像这样全部留下来的话前端就会变粗。

2

为了使芽力平均，将较小的两个芽留下，修剪较强的芽。像这样小的芽不进行疏叶。

3

分叉的一个是有复数芽的强力枝，另一个只有弱小的芽（箭头）。

4

想要留下离枝叶内侧较近的枝。保护小芽（枝），为了使其增强生长力，要切掉较强的枝。

5

较强芽的枝有 3 个，特别是中间的芽最强。中间枝的内侧有小芽（箭头）。

6

将前端切短

将 3 个芽中最强的芽切短。左右较强的两个芽，要进行疏叶。这部分枝头的芽力就制作齐整了。枝叶内侧较小的芽的芽力也得到恢复。

■ 从一个枝到全体的修剪和疏叶

对于 A 群和 B 群来说，看起来像是同样的修剪，但方式和目的却有点不同。A 群在枝叶内侧有接枝（箭头），为了使其增长力量，要将较强的芽进行修剪，还要进行较强的疏叶。这是一个加强抑制力的操作。B 群要配合 A 群进行修剪和疏叶，但是特别强的芽，先要将前端部的新芽留下来一点，然后再进行将芽头切掉的"碾碎芽"操作。这是修剪和疏叶之间的操作，等枝叶内侧的芽充实起来后，再进行修剪。C 群也要配合 A 和 B 进行疏叶，使全体芽力得到平均。

操作前

操作后

切 换

树的枝头变得杂乱无章，就要进行如图所示的修剪操作，把它们更换成较细软的枝。这种操作一般被称为"切换"。枝叶内侧没有枝的话，这个操作不能进行。

盆景的枝头过长的话要剪掉，重复修剪是制作枝和维持树的一个操作过程。在这个过程中，枝的风格和状态等都会体现出来。

树势较强的地方枝头容易变得杂乱无章，像在这种地方，较强的芽都集中生长出来。

对枝根部的细枝进行切换，可以增强抑制力，并改善粗细，修齐纤细的枝头。

修剪后

判断对应芽力的修剪法

1

操作前（3月中旬）。

2

修剪后（3月中旬）。位于中央前端的芽并不是很重要。这个芽在间隔比较大的枝的前端。内侧的接芽非常重要，为了促进其成长，要对前端较强的芽进行抑制。

切芽后（7月上旬）。被强力抑制的中央前端的芽，已经几乎不活动了，而枝叶内侧的芽成长显著。切芽也要围绕着枝叶内侧附近的芽为中心来进行。

抑制强力的芽，充实枝叶内侧

3

4

10月中旬。前端部的芽和枝叶内侧的芽力，与半年前（操作前）相比发生了逆转。

5

疏叶和切芽后（10月中旬）。为了使枝叶内侧芽的力量增长，一直都在剪切的状态。芽附近的情况也能确认了，潜在枝的充实度也上升了。

看现在这棵树的轮廓和枝叶，总会觉得剪切得还不够。

为了维持现在树冠的轮廓，有必要剪切到更深一点的芽。要想剪切更深一点的话，必须有可更换的枝叶内侧的芽（枝）存在。为了维持枝叶内侧部分，切掉分叉或是整个芽的时候，要积极剪切强力的芽，即使进行了较强剪切后，留下来芽的方向仍然不是太好的话，还能用蟠扎来修整。

以枝叶和树姿为目标的抑制修剪，可以促使枝叶内侧的生长，也能使枝冠部得到充实。

7月上旬。切芽后。

10月中旬。操作前。

10月中旬。操作后。不做大范围的剪切或疏叶，而是按照全年培养管理进行连贯的修剪。虽然看起来没有什么大的变化，但能够确切改善枝叶内侧的状态，使枝叶内侧得到进一步的充实。但不是只有这一种方法，根据芽的状态来改变操作的方法和程度是很重要的。和改造相比这是普通、重复的操作，但对于需要长期维持树形来说，是不可缺少的。

"拔枝"在盆景中被称为是最难的操作，但是在新树的培养阶段，枝的修剪等基础制作也是很难的，是要具备综合能力的操作。

这个素材作为盆景，具备了很多的优越条件，但缺点也有不少。基础制作的要点是尽可能地改善缺点，要活用其长处来进行操作。如果被现在的造型所束缚，做出妥协而敷衍过去的话，就会失去基础制作的意义。

在树的制作初期阶段，可以为了改善其缺点进行彻底的处置工作，有时看似倒退的操作，实际上是很有必要的工作。

下面来看看技术高超的专家基础制作的例子。

操作前（3月中旬）。树拿来的时候，其树皮和造型就具有沧桑感和艺术气息，是十分有魅力的素材。从主干、枝干和根部的平衡上看，其粗细程度已经整理得很好了，只要将一部分枝切短即可。现阶段对树的要求是骨架的基础制作。下枝已经进行了一定程度的修剪，是否合适还要进一步判断。

<h2>粗干型树 新树素材的基础制作 兵库县姬路市</h2>

树冠部 芯部的选择和替换

把主干部直立的尺寸，压制到操作前的尺寸（45cm）是比较理想的，之后将头部不用的枝切掉。现在开始讨论树芯。A和B无论选哪个作为树芯，对根部来说都太粗而无法使用，C的话可以将粗细压制到能勉强使用的程度。作为树芯候补，最先映入眼帘的是D，但D在出来的位置干部太粗，且单调，这些都是不太让人满意的地方。比A更低的B枝根部，有枝叶内侧芽E，这个芽可否作为树芯？

从主干的粗细程度和形状来考虑，可以将枝叶内侧芽E作为树芯来使用。E好不容易长到和头部连到一起了，虽然"可惜"，但为了将来考虑不能妥协。

修剪后。像这样切短的话，主干部会长成向新树芯左侧伸展的形状。像E这样的小芽还有变粗的余地，对今后改善其粗细平衡会有帮助的。

树芯确定后。在构成树芯的枝里，将左右伸长的枝切短，并留下一个芽。于是这棵树的尺寸就大体上可以确定了。

87

右一枝 从一个芽开始重新做

为了得到粗的枝根部，枝伸长起来。因已经进行了弯曲枝干和回切的操作，所以枝一直处于生长状态。就这样作为枝芯，还是不太满意的。

操作前（上面）。在枝伸展的状态下，可以使用枝芯增加小枝，但也会增加没有艺术感的枝。

在树整体形状上这是重要的一个枝，要对最接近枝根部的芽进行切剪，虽然切得有些过多，但这是必须的。

操作后。利用金属丝蟠扎修正方向。芽长得较牢靠，所以这样的操作也能进行。芽特别小的话，要阶段性地加以抑制，等待芽力的充实。

左一枝 修正枝骨

操作前。对于主干来说，枝根部的粗细正好，枝的制作也在进行。但如果和右一枝使用同样的枝芯，会变得缺乏艺术感。

在基础制作阶段不要轻易地妥协，要一直深究到枝根部。重新修整枝条的粗细度和枝的形态。

整形后。靠近枝根部能用的枝有两个，将它们压伏下去，制作出枝的形态来。

切换后（上面）。靠近枝根部出来的两根，长得比较直而且较细，位置也很好，将其作为新的枝芯使用。

变成两个能用的枝芯，因为很细，所以可以简单地制作枝的形态。使用较粗的枝根部，可以改善粗细度，有可能提早完成操作。

■ 留下「脐部」

①切掉粗枝更替树芯时，留下了较大的伤口，完全长好需要一定的时间。

②伤口的中央要留下"脐部"，愈合的时间就会提早，痕迹也会处理干净。

③处理后贴上布保护起来，防止水分蒸发，促进伤口的愈合。

■ 促进伤口愈合的再处理

④以前替换树芯时留下来的伤口，还没有完全愈合。

⑤为了促进愈合，削薄有结痂的伤口外围，以给予其刺激。

⑥伤口结痂的地方有进一步愈合的状态。大的伤口要定期进行这样的处置。

修剪后的树冠。这里留下来了 3 个枝和芽。

里枝

树芯

右枝

整形后。右边和后边的两个，作为各自的右枝或后枝来使用。向左上方伸长的枝，可以将枝根部的芽作为树芯。等到树芯成长变粗后，切除之前修剪后伸长的部分。

考虑到主干的形态和附在上面的枝，开始重新进行正面的造型。从旧的正面稍微转一下的这个位置，可以作为正面。操作到这里就基本结束了，等做完之前两个步骤，再开始移栽也可以，这可以说是一般的操作方法。

89

从盆里拔出来，根的健康状态不错，小根也长得很好。

首先从盆景的底根开始扒开。

将底部扒开后，就可以进行表土和外围的操作了，将底部和外围的根切短。剥掉上土后，就能看到发育得很粗的根上部了。

从剪切粗根的痕迹上看，能看出切得不是很彻底的切口，应一直剪切到根尽头的位置。

里面也有两个很粗的根，可以一直切到这两个粗根的源头为止。

根部处理后。比较在意的粗根保留到这种程度就行了，再等待小根的发育。这就是根部的一般处理。

综合考虑树势和以后的管理再进行操作，这是专家的通常做法。对专家来说也有风险的操作，如果不是杂志采访的话，他们是不会这样做的。

专家会建议："爱好者的话，像这样的粗根，等到下次移栽时再进行处理。"这样等待3~4年，也能做出和专家一样的粗根处理操作，而且风险也降低了。

处理完根后的状态（正面）。最接近身前的小根（箭头1的位置），切掉时稍微留有一些富裕。

下决心将枝切掉，只有粗根下面的中等粗细的根须（箭头2或3）没问题，剪切到其出来的位置为止。

处理完根后的状态（里面）。中央的粗根（箭头4）有中等粗细的两条根须，剪切到头。

根处理结束。粗根处理后，整体就会呈现出很好的形态来。这是棵树势较好、幼的树，根部处理是对枝进行大修整前的关键操作。

确认粗根下方有数个细根，再剪切到更深的位置，能够使根舒展开来。

①根部处理结束后的形态。留下了适量的枝叶及必要的根量。

②铺上一层颗粒状土之后，再放入主用土。主用土以赤玉土为主，混入三成的山沙。

③为了不在主用土和根底之间产生间隙，要摇晃着按下去，用金属丝来固定住。这些都是普通的移栽方法。

④放入用土后用筷子扎透。注意不要伤到粗根附近的小根。

从头再次开始
是完成树形的捷径

修剪和移栽结束后。变成骨架后从头开始的操作。有问题的部分都已经修整好了，作为造型制作，可以说这是一个很好的基础。虽然看起来像是倒退了，但这是不得不做的。在较早的时候打好基础是制作的捷径。

追踪 5 年 嫁接的老树重生

爱知县丰桥市

现状（3 月下旬）。树高 45cm，干径 13cm，盆为长方盆。从竖立起的头部来看，其干的风韵很好，虽然是特别粗的干，但其拥有锐利的弯曲度，这一点很难得。根上部生长虽未发育完全，但势头还不错。因是刚过冬天，其叶色特别差，枝头很细且冬芽很小。枝叶看起来体积很大，觉得树势好像不错，但实际上还是稍差一点。

三个面的树姿

前后方向的叶子长得很开，而且内侧枝叶也被拔除了。这棵树的一个弱点是头部过于前倾，后枝内侧的部分不充实，换句话说背面完全是空的。另外里面的叶色比正面的要好，推测是由日照条件等因素所造成的。

这棵树的制作方针是：连接枝叶内侧，将整体的体积压缩，替换枝芯。但现在要进行嫁接的话就已经晚了（适合期是 1—2 月），而且树势也是一个问题。

所以一般要先进行修剪或移栽的操作，等上 1~2 年待树势恢复后再开始操作。而专家总觉得 1~2 年的等待时间有点"可惜了"。

现在的季节主要以恢复树势为主，但"不要期待一定能有好的成果，长出多少枝条都保留起来"。也就是说即使恢复不好，也要进行嫁接。

头 部

枝芯需要替换，并要开始切短。在旧枝芯附近的 3 个枝 a、b、c 中，将 c 作为新枝芯，b 作为后枝使用。d 作为左枝，e 等因为枝叶内侧有空隙，所以要进行嫁接。

右下枝

这根枝从枝叶内侧伸展出来，虽然看上去是"不要"的枝，但没有这根枝的话就不会产生曲线，所以还是需要保留的。

①拔枝后。剪切到现在的状态。这个操作需要有较高的综合判断能力。有些地方还有较长的枝，为了穿过枝叶内侧，还需要有更多的嫁接枝。切下来的比较充实的枝，可以准备接穗用。

②接枝后。在 9 个地方接了 10 个穗，本来还要接更多的，但适合的穗已经用完了，所以就接了这些。因为有各种不利因素，所以并非 10 个都可以活下来，只活一个就可以了。

③一部分要蟠扎修正左枝往上长的趋势。头部也参照上页介绍的方法，将其中 b 枝作为后枝使用，并用金属丝蟠扎使其伏下去。

④准备好拉菲草和塑料袋等必备的材料。将穗淋水后，再立即将水滤尽，并放入容器中用报纸等盖上。

⑤枝皮比较厚，切进去比较困难。决定好嫁接的位置后，削一下使表层露出来。

⑥从嫁接的位置和角度考虑来选择合适的穗，把穗口部削成楔状。

⑦削切到两个容易结合的状态，用小刀切（或者用嫁接工具）。

⑧将穗插入切口。将两个相匹配结合起来。削掉穗口后的操作要尽量快，尽可能数秒就完成。

⑨用拉菲草将穗固定住，捆的力量不能太强也不能太弱，适度控制力量，完成一定次数就可以掌握这个力度了。

⑩固定后，打结多出来的拉菲草留下来不切掉，之后可以用来固定塑料袋。

⑪用塑料袋包住穗，开口用拉菲草捆在枝上。把塑料袋切一个口会更容易进行操作（剪刀只是巧合拍进去的没有意义）。

⑫嫁接好后，这根枝接了共计 3 个穗。操作结束后，为了保湿，在塑料袋中放入少量的水。

⑬这里用了注射器将水注入袋中，如果先将水放入塑料袋再包扎上，就不用注射器了。

⑭两年前移栽过，其根和土的状态都很好。用土透水性本身并不差，稍微轻扒一下根就可以。

⑮移栽后。树高 44cm。放入培养盆（左右和深度与旧盆基本上相同，深度多为 7~8cm）中，用较粗的土，进行多肥多水的管理。

强力肥培当年的切芽

这棵树进行过嫁接和移栽，而且也进行过切芽。放入比一般肥培量多好几倍的肥料，使用易于干燥及较粗的用土，进行多次浇水管理，这些都是专家级的操作技法。日常管理时，要进行切芽的休息，在移栽的年份就不要进行嫁接。

6月中旬切芽前

第一次切芽后

7月下旬拔芽后

①迎来切芽时期。有的枝叶变成红色后没有存活，在5月下旬将其取下来，树的伤口处用胶布保护。袋子罩住的地方成功与否还不清楚。

②在树势比较强的上部，只切弱小的芽，树势弱小的下部，要切掉弱到中等强度的芽。第二次切芽要在6月末进行，到时切掉上部和下部留下来的强力芽。

③第二次切芽约1个月后，二次芽生长得很顺利。嫁接的结果是，10个中有6个存活了，但芽的生长良莠不齐，除去嫁接枝部的拉菲草。

6月中旬 切芽操作过程

头部。新芯头C变粗了，变得更成熟了。

右下枝。枝根部分没有存活。其他两个因为长芽膨胀了起来，基本判断为"存活"。

将塑料袋取下来。之后如果芽正式开始生长，那就是确定存活的证据。拉菲草继续放着，塑料袋也可以开一个透气孔。

因芽力的强弱差距太大，要进行二次切芽（接穗除外），这次基本上只切弱小的芽。

没有存活的部分，预定于下一个冬天再次嫁接，有些芽留着下次接穗用，不要切掉。

7月下旬 拔芽操作过程

不管是否到了重新移栽的年份（稍微扒根），都要进行强力的肥培，这样才能使作品风格增强，二次芽也长到了现在这种状态。

把枝上水平的两个芽留下，其他芽去掉。这些和常规的除芽方法是一样的。

要接穗的枝，作为采穗用，使其增长力量。

右下枝的嫁接处。基本上完全存活了。这里没有进行切芽，所以相对芽力就会变得很强，对加强愈合及促进嫁接枝生长，都有很大的帮助。

穗本身很弱的地方，其芽的生长也很慢。

冬季的样子

明年早春再次嫁接，将旧叶留下过冬。

第二年的2月下旬

过冬的树姿。

疏叶和再次嫁接后（同）

为了保护嫁接枝，疏叶要延迟进行。再次嫁接时，同时进行疏叶的操作。嫁接要以上一次没有接入的地方为中心，共计嫁接6个。

戴上塑料袋后（同）

再次嫁接约4个月后的切芽时期，基本上所有的穗都存活了，有些延迟的地方就用塑料袋套上留下来。要在塑料袋上开个透气孔，使其慢慢适应外面的空气，不必急着摘下来。如果摘下来的话，下雨天最合适，也可在晴天浇水后再摘掉塑料袋。

6月中旬切芽前

再次迎来了切芽的时期。接穗的芽还没有长开，为了使穗集中力量，要进行切芽。如果芽力相当平均，切一次就可以了。

切芽后

从弱小的芽到强力的芽只切一次。如将前边的枝进行切芽，可使穗的力量得到增长。

接枝除外的一次切芽

切芽（普通法）。弱至中等程度的芽，像这样在旧叶的边际切掉，是非常普通的做法。

右下枝。粗的芽长得很长了，导致袋子已经到极限了。把穗的充实度、树势、适期的操作，这三个因素综合考虑，就会有好的成长结果。

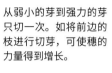

很快存活。生长好的地方，将塑料袋阶段性地切开。

切芽（轴留法）。一次切芽在切较强的芽时，要像这样将轴部留多一点，将二次芽的发芽推迟，是帮助芽力平均化的技法。

第二年枝叶内侧空间改善

再次嫁接后所有的穗都存活了，第二年枝叶内侧空间进而得到改善。下一个课题是使接入的枝追上其他枝。

为了促进愈合，要让嫁接枝的芽生长，增强其力量是第一任务。不要急于进行蟠扎的操作。如果过急，嫁接枝的愈合部分会变得很容易掉下来。为了安全起见，要等1年以后再进行。

在这棵树的嫁接枝成活3个月后，进行了整形。只有经验丰富的专业人士才知道操作时机的临界点。

9月初

和前年一样进行除芽，二次芽大体上是叶子长开了的状态。

右下枝根部。较长的粗芽处于"拔掉头部"的状态，最下枝的枝根部是树中树势最弱的部分，让牺牲枝成长增加其力量，将来作为根芽进行更换使用。

整姿后 10月初旬
树高44cm

有机会的话，在完全存活的嫁接枝上设置金属丝，整理全体的枝。

从上面看右下枝。从干部到枝芯的顺序上看，可以看出来左右交互的枝，已配置整理好了。

后枝。主枝根部长出4根分枝，枝叶内侧空间得到了充实。

5年后，7月9日

树高52cm，盆为和内缘切立长方（角山）。去年春天移栽入同一个盆里，正在培养过程中。仔细地扒开根和土看，移栽正常。

花了整整5年时间，打造出了适合主干的枝的基础，终于有了点整理的意思了。

入手这棵树后，如何调和原来的枝和嫁接枝，在技术上是难点。这就需要比普通树更高难度的调整才可能解决，因此要再一次进行蟠扎的整形，也就是说到了"钳子制作"阶段。

现在已经能预见到这棵树今后的成长了，也有余力去考虑这棵树过于前倾的树冠部了。因为关乎盆景的生长，所以并不一定马上有正确的答案，真正的制作从现在才刚刚开始。

树制作后的视野

切芽后（除去右下枝）。

全体切芽后。

切芽后右侧。

7月下旬 右下枝切芽过程

切芽前。和4年前的状态相比，枝根部的份量大幅增加了。

枝根部的牺牲枝（嫁接枝的前芽生长的），从枝的轮廓中长了出来。

除枝根部的嫁接枝外进行切芽。过去3个季节都进行了这个操作。

不切掉嫁接枝上的芽，以增加其力量。枝头每年都要进行切芽，使芽力有一个逆转。

嫁接枝增长其力量后，牺牲枝的作用结束了就可以切掉。

嫁接或切芽的操作结束。3个季节的操作控制好的话，以后就能够承受切芽带来的影响了。

切芽后。今后也可以按和其他芽相同的节奏进行切芽。

盆景制作技术中的精华，也就是改造，是最能体现个人实力的操作。

对改造的评价来说，操作前后能使树格提高到多少是一个标准。但评价树的风格好坏是因人而异的，另外还要考虑今后长期生长的目标，这也是评价的不同点。

操作者要是只关注改造成果的话，是对评价的偏见。外表的美观和树格的提升不必一致，即改造前后树容的改变程度，与树格提升的程度没有直接关系。

用心的维护加以岁月的洗礼也可以提升树格。短时间内使树格有较大的提高被称为"改造"。但多久算改造，多久算维护，是很难明确划分界限的。

改造和维护都是使树格提升的一个操作过程，在这里以技术熟练的专家进行的操作为例来讲解。

维护改造篇

决定正反面互换的理由

标准老树的改造

黑松树高90cm，宽80cm。操作前正面。

左边出来的枝有利于盆景正统造型，其他也没什么明显的特征。但现在也感觉不出有什么重大的缺点，只能说是不好也不坏，这是棵没什么个性的普通的树。从正面来看，造型上有致命缺点。可以看到根上部有细的分叉根，在这之上好像还有伤口。考虑到今后对树的评价，有很多问题必须要修正。

操作者／铃木亨
（爱知县冈崎市　大树园）

检查直立状态下的问题并考虑修正方案

正面直立状态。根的上半部中间变细了，容易给人一种基础很弱的印象。还有上根的方向也不规则，感觉不到有很强的力量存在。

从旧正面稍微向顺时针转动的位置来看，基础比较弱的印象多少有些缓和了。但根部长得不是很好，正面的伤等问题还没有改善。以现在这面为正面的话还是可以的，但其他地方还要再稍微考虑一下。

铃木老师考虑的新正面，是从背面看过去的位置。从直立角度看，干的成型也很顺畅，整理好的根部表现出了这是棵强而有力的黑松。要将背面改为正面，需要对枝的配置等进行大幅的变更，但现在这个直立形态也有种难以割舍的感觉。

为了改善根部的弱点，计划将旧正面沿顺时针旋转后重新制作。但是这种构想也无法完全改善根部变细的趋势，也不会改善变差的根部。之所以采用反面作为新的正面，是因为这个位置在看根部中间细的地方时不是很明显，根部形态也比旧正面时变得更加漂亮了。

变更正面的话，就有必要重新制作枝的形态。特别是树冠部向后方倒下的状态，只能往身前拉过来重新制作。铃木老师在改变角度时，将其向正面稍稍倾斜后，用千斤顶等器械把在后方的树冠部调整到正面。

调整背面
作为新盆景的正面

这是铃木老师考虑的新正面。它与旧正面相反，并稍稍沿顺时针回转一些。树冠向旧正面倾斜，移栽的话要修正角度，向身前倾斜。这里没有看到较粗的里枝，有必要进行大幅度的修剪，这是个较难的操作。对前倾的树冠的修正，只进行移栽还不够，要伴随着干部弯曲的修正来操作。

新正面的左侧。
种植角度还是和以前一样的话，就会看到树冠部的倾斜状况。

将种植角度向新正面倾斜。将树冠部稍稍向正面修正，但还是不够。

使用千斤顶使树冠部移动

将树放置在设置有铁筋的台架上，将台架和树用金属丝绑起来固定在一起。

在铁筋和树之间塞上木片，抵住树冠下方，以此为支点，移动树冠上部。

将树冠部和铁筋设置到千斤顶，慢慢地拉紧。坚硬的铁筋不会动，树冠部会往铁筋方向靠过去。

铁筋和千斤顶都设置好了。

树冠部移动后（左侧面）。
树冠部的后方被大大抬高，向新正面移动。站立的位置和树芯在一条直线上。

树冠移动后正面。

向后倾斜的树冠向前移动后，树高也增高了一点。

右下枝操作前。为了使背面变成正面，第一枝和枝根部都要朝后面生长。这样可能会有不自然的印象。

将右下枝拉下后。用铁筋固定下枝，将枝根部拉下来。为了使枝面朝向正面，将枝根部向身前拉过来。

右枝群整形后。右下枝的枝根部附近没有小枝，将在这之上的枝移到下边的枝叶内侧部，还要使其头部细分开来，不使其有很沉重的印象，最后将枝整理好。

千斤顶将树冠拉到了新的正面，背面处于被抬起来的不自然状态。在被抬高的枝中，将合适的枝选为新树芯，剩下的枝要向前后左右分开，重新做树冠部分。因为进行了前倾的操作，所以相比操作前树冠的位置会有变高了的印象。但完成时却也感觉不出有什么不好。

还有右一枝（旧左一枝）随着正面的改变，变成了向后方生长的形态，利用固定下枝的铁筋将枝拉下来，从枝根部到全体的枝都向着正面修正。另外枝叶内侧附近的枝很少，能够看到裸露的枝骨，因此要将上面的枝拉下来，把枝根部隐藏一部分，这也是为了改善间隔过大和使下枝增加存在感。

右下枝整形后。
下枝的形状已经决定了，树大致的轮廓已经可以看出来。

树冠部整形前后的变化

树冠部（操作前正面）。树冠部就像这样向前面生长的形态，处于还没有决定树芯的状态。

树冠部（操作前左侧面）。弯曲主干，向前方加大倾斜，方向向上。

整形后（正面）。决定树芯后，将剩下的枝按前后左右分开，为了表现出老树的感觉，用很多小枝进行装饰。

整形后（左侧面）。

整形结束。

整形约 10 个月后的树姿。树高 90cm，宽 75cm（包含盆高）。轮廓大体上已经做出来了，左侧的下枝还很弱，没法和右一枝相平衡。在培养 1~2 年后，左一枝的轮廓也会得到充实。由于正面的变更，改善了基础比较弱的状态，树的魄力增长是一目了然的。经过数年的培养，风格上会更加具有厚重感。

正面变更后经过约 10 个月，树姿状态如上图所示。

改善了操作前直立状态看起来很弱的问题，根部坚实、强而有力，干的表面也有了古韵味，散发着黑松特有魅力，很难想象这是在前年进行了改造的树。现在能看到突出的右下枝了，在今后培养中，为了改善左右的平衡，左下枝也要得到充实。在决定了下枝的轮廓后，其风格和力量感变得更加突出了。

考虑到新加的弯曲部分，在等待完全固定的期间及下一次改造之前，一直绑着铁筋培养是比较理想的。这次因为采访的关系，较早地把铁筋拿了下来，但树冠部分并没有回去，停留在了开始构想时的位置。

整形后约 10 个月的树姿。枝叶没有枯萎，芽也生长得很顺利，状态十分良好。

标准老树的改造

修剪不足的老树通过切除树冠实现新生

操作者／小川敏郎

（千叶县千叶市 熏风苑）

1955 年，爱知县的老盆景园丸新东华园的第二代掌门人，以饰演过黑松隆盛而闻名的加藤明老师打理过这棵树。它具有强壮的根部和粗干，再加上经过岁月洗礼表现出的古韵味，可以说是一棵难得的树，并且在展会上展出过多次。但是在长年的培养过程中，剪切得还不是那样充分，现在正处于轮廓膨胀的状态。为了守护枝叶内侧的芽，要尽早进行切芽。但是这棵树还有一个大的问题等待解决。

黑松操作前正面。树高 68cm 宽 82cm。

很多粗枝留在树冠部，为了维持轮廓超越了极限！

做好从干枝开始修整的准备

切断树芯！

树冠部的升级。众多枝条构成了树冠部，很明显枝数过多，而且每一个都很粗。这样下去的话树冠会越来越胖，导致和下部不平衡，显现出树冠部膨胀的样子。

这棵树芯已经不能使用了。在无法挽回的情况下，将树芯更换，切断树冠部。

树冠部切短后的样子。从鉴赏状态又变回了新树状态。

树冠切短后的升级。新的树芯是切断面右边的枝，把它制作成新树芯进行使用。

切断树冠部后。大胆地切除，并把留下来的枝进行疏叶是非常必要的。

从骨架开始重新制作，大胆地进行疏叶

为了盆景轮廓的形成，切芽和轻微的疏叶等操作要在合适的时期进行。但是因为扩大枝间隔的修剪不充分，因而枝数增多、枝根部变粗，树的轮廓变得越来越大。树势最强的树冠部，枝的数量和粗细度已经到达了极限，还有蟠扎的金属丝陷入枝中过深，只能把它切断用别的枝作为新树芯。另外伴随着树芯的替换，也要进行大幅修剪。看到右图就会明白，实际上接近半数的枝，在这次的操作中都给切掉了。

整形前，切掉明显判断为不要的枝有这么多。看到这个量就能明白，以前的修剪有多么不充分。

树冠切断痕迹修改成舍利枝

树冠部切断的痕迹。留得长一点，重新制作成舍利枝的样子。

舍利枝和树干的边界处，通常和切枝一样，用刀削干净。

为了防止被晒伤，涂上愈合剂来保护就可以了。

左右枝群切除前后的变化

右枝群（操作前）。

左枝群（操作前）。

现在枝太多了，让人感到很沉重，为了变成细腻的头部，要大幅减少枝的数量，必须进行疏枝。

突出来的枝，是体现树的个性的枝，但是现在太长了，暂时要切到身前的位置，重新制作它。

103

整形前去除旧叶

减少旧叶后。

下枝整形后。下枝整形的时候种植角度要稍微向前倾。

旧叶留下的话就会干扰到蟠扎。减少旧叶的数量，除去较弱的芽。另外还有极端强力的芽，要将新叶进行轻微的疏叶操作。

从右枝群来看枝的形状变化

右下枝修剪后。

旧叶疏叶后。

整形后。右下枝担负着平衡的作用，向下拉的话，轮廓就会变得比较紧凑，而细腻的头部也会引人注目。

树冠部的整形

在树冠部，将向右边生长的枝作为新树芯替换。由于枝的减少，左右的叶子尺寸也小了，其轮廓也缩小了一圈，树冠的位置有些降低，但也不会有什么影响。

将以前构成树冠的枝，在枝根部切断，从全体的平衡来考量，会有些弱的印象，经过数年的培养也许会得到改善。

从右枝群来看枝形状的变化

操作前正面。

操作前左面。

树冠部留下来的枝很少，为了不折断枝，要谨慎操作。

左手紧紧地抓住枝和金属丝，慢慢地移动枝。

整形后。在右边的话，要向中央移动，树冠部的平衡就整理好了。

整形后。在后方的树芯，要向正面移动。

移栽后。树高62cm，宽83cm。整形后约半个月，要进行移栽，放回到同一个盆里。树的轮廓变小了，突出粗干树的浑厚韵味。

将枝的数量减少，把顶枝分得更细些。之前隐藏起来的主干，现在看得一清二楚。这棵树原本的特色是魄力感和时代感，现在再一次被体现出来。

因为过度呵护和没有充分地进行修剪，因而很多树在培养的过程中变差。所以彻底的修剪，是树培养过程中的一个重要操作。

操作前左侧面。

整形后。

1989 年"世界盆景水石展"上展出时的树姿。以前右侧是半悬崖树形，现在被改成左侧是文人风格的奇异树，这是整理好后的树姿，树高 55cm。

实现从大型盆景缩小到中型盆景的修剪

奇特老树的改造

操作者／古部哲志
（福冈县田川市）

开始采访时的树姿。
原本按照文人树形来制作和培养，因收藏者的变化，情况也发生了变化。新的收藏者不喜欢现在树的形态，希望改成中等尺寸的作品，因此委托了古部老师来进行改造。收藏者的要求是将树的主干尽量缩小。考虑到树将来的成长可行性，古部老师接受了委托。在采访的 1 年前，对这棵树进行了将上部的干向左弯曲的操作。

这棵黑松约 20 年前是作为半悬崖风格的成品树来培养的，其主干很有个性，也曾在展览会中展出过。之后，为了强调主干的趣味，改变了种植的角度，并向文人风格的奇异树形方向改造，并再次在展览会上展出。虽然不是传统的主干形态，但其极具个性的姿态，还是得到了很高的评价。不过很强的个性有时会让人感到厌烦，对这棵树的评价也呈现出两极分化的情况。根据收藏者的愿望，将主干进行修整，作为中型盆景实现新生。

利用主干的弯曲，开始变成中型盆景

利用第一个弯曲部将树的大小压缩是这次改造的主题。为了使力量增强，在弯曲部蟠扎，铁丝要牢牢扎紧。

把扎紧的铁丝向下压，将干部往下拉，并用钢线固定。如果强行进行的话，弯曲部有折断的可能。随着时间的推移，弯曲部会慢慢往下移动。

利用扎紧主干的铁丝，把右上方向的干向下拉。为了使主干再紧凑一点，要将其与千斤顶拉到合适的位置。

古部先生准备好两套千斤顶来进行操作。纵向方面，要将平台和主干夹在一起，将主干往下拉。横向方面，将主干部与直立部分夹在一起，从左右压缩。像这样交互使用的操作，干部和叶子将慢慢移动到理想的位置。

操作后主干形状的变化

不只有上下的移动，将主干的直立部分和弯曲部用千斤顶夹在一起，同时进行左右压缩。上下左右从各自的角度来调整，是很有效率的操作。

第1阶段（采访的前1年）的主干弯曲状态。直到与上部完全平行之前，一直施加压力使其弯曲。

这次操作后，向上方成长的干部，由于2个千斤顶的作用，被充分地拉了下来，已经是很紧凑的状态了。

主干弯曲后研究正面

利用弯曲主干形成半悬崖风格成品树。由于主干弯曲的影响，从原来的正面来看，干部有些像前突出来的形状，作为盆景来说这不是什么好事。在主干形态大致确定的这个阶段，经过正和反的变更，最终的树姿就整理好了。

主干压缩后的旧正面。
在这个位置制作也没有什么问题，由于主干弯曲的影响，干的中上部有些向前突出。主干向前突出被称为"鸠胸"的形状，从盆景角度来看，这不是一个好状况。

从背面来看，枝的平衡没有改变，干部突出来的问题也解决了。正面出来的枝（原本背面的枝）也不少，即使切掉从整体来判断也没有问题。决定将原来的背面作为新正面，切除正面突出来的枝。

用千斤顶来修整上部的枝

主干弯曲一年后，准备进行最后的整形

上一次操作1年后。为了使轮廓缩小，蟠扎了一些金属丝；因为要以培养为主，所以没有正式整形。

主干上部的操作结束。右边长出来的树芯向左边大范围地移动，再向正面倾斜。

树的中心打入了铁筋固定住，以铁筋为支点，把两个千斤顶巧妙地分开使用，移动主干上部。用千斤顶挤压后，再用金属丝蟠扎固定，就可以将铁筋和千斤顶取下来了。找出想要移动的部分（枝或干）和能够作为支撑不动的部分（在这个例子中是铁筋），是使用千斤顶的诀窍。

左枝群　整形过程和变化

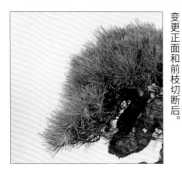

变更正面和前枝切断后。

因千斤顶的作用，主干上部移动后，前枝切断产生的空间已经完全看不见了。

整形后。把左侧的枝作为向下生长的枝，细腻的枝头和主干的形态相结合，富有跃动感的树姿就制作出来了。

种植角度的再考虑　**将树倾斜强调主干的弯曲**

整形后。配合盆形的种植整形已经结束，缺乏变化的主干直立部分，还是有些不尽人意。还有左边的趋势太强了，直立部分让人感到有些弱。

种植角度向右倾斜，能够解决直立部分的问题。再加上减少了左右的叶子尺寸，这样与直立部分就能得到很好的平衡。

移栽后。树高 43cm，宽 44cm。

来看最终的形态，现在基本上没有人认为是以前的盆景了。主干的弯曲就是能够带来这种戏剧性的变化，最终完成了这个作品。这棵树承受住了强力的整形操作，是棵枝干顽强的黑松。因为是老树的关系，这样的操作会对树造成很大的负担。开始的2年要专注于主干弯曲操作，第3年才进行小枝的蟠扎整形，只有对老树尽心尽意地维护才能做到现在这个样子。

在对枝干进行弯曲等操作时，因对树有较大的负担，从前年开始就进行了充分的肥培，使树势得到增强。另外尽可能减少对树过重的操作，这是一个非常需要注意的地方。培养过程中不仅要有专家级的技术和感性，对于树的关心和爱护也同样要重视。

整形后从左边看。

体现时代感的除枝

操作者／大沟阳亮
（京都府京都市　松清园）

年轻的素材能够修整成具有"时代感"的盆景吗？按照这个主题，编辑部准备好素材，并委托专家做了改造的策划。与其说是改造，还不如说是"包含改造要素的维护"工作。

当初被认为是在盆中培养的这棵树，可以看出细干和皮质的老旧感，肥培后为了不使其变粗，要特意以"细干"为目标，尽早进行枝的制作。这棵树下半部是直干状，而上半部是造型树风格。还有其树姿能感到具有双干造型和文人气质。但也有人认为它是"高不成低不就的树"。

此树基本没有正面变更的余地，主要考虑的是对枝的改变。首先是使用主干的最下枝（a），主干最下枝处于树高 1/3 的位置，在允许范围内还可稍微高一点。但是作为最重要的枝条，好像稍微有些弱。上面的有些像前枝的枝 (b)，比较适合作为重要的枝。

黑松。树高 50cm，干径 6cm（主干 3.5cm，子干 2cm）。生长了约 30 年，树势还凑合。枝数虽然很多，但小枝却没有做好。切芽后的二次芽切除不足是其状态不好的原因。距上一次移栽有 2~3 年，根部上部不是特别强，粗根还是比较整齐的，没有进行正式的根部处理，但可以看到曾进行过底部和周围的轻微扒根等。

主干枝的问题

从右面靠近来看，枝数最多的部分在树冠下部。以过粗的后枝 c 为首，狭小的间隔中有很多枝长了出来。主干现在看来也有些细，像这样的枝集中在一起的部分如果过大的话，会很难看。

操作前（左侧面）。

首先将过粗的后枝 c 切掉。

过于接近的枝也要剪掉，要整理好枝的平衡。

次干使用的枝

从正面看。下侧的 4 个枝有很多小横枝，没有细致地进行切除修整。为了不要枝碰到主干，剪掉右半边长出来的枝。

另一个角度（靠近左侧）。下侧的 4 个枝中将有艺术性的 d 留下，e、f 和 g 的话，选择剪切掉 f。f 虽然也有艺术性，但是 f 根有伤，向后方长的话会变弱。

再一个角度（左侧上）。之前都是将 4 个枝按一枝的样子来制作的。

维护的大致标准

将主干最下面的枝留下，树冠底下的强力的枝（过粗）过多了，需要切除一定量的枝。次干也要去掉差不多 3 个枝。

从切枝后的形状来看，这是无可厚非的操作，老练的爱好者也可以完成。

切枝后要进行疏叶（去除旧叶，调整新叶），同时要修剪小枝。枝切口的处理（加工白骨化的干和贴上布）完成后，用金属丝蟠扎好。主干和次干的角度分得太开的话，用"拉金属丝线"的手法来调整。

综合考虑后的结果是，只去掉 f。其他枝虽然枝间的距离有所接近，但还是在能接受范围之内的。

g 作为后枝，e 为左枝，将 d 作为前枝分开来使用。

切枝后。

疏叶和小枝修剪后。

切枝的伤口处理

过粗的后枝。即使在上部制作白骨化枝，效果也会很差，要从枝的根部将其剪切。

为了促进愈合和兼顾美观，要贴上胶布。

蟠扎后，其他的枝移动的话，切掉了枝叶就不会察觉到了。

操作方法　重要的枝（主干最下枝）的

细枝穿过枝叶内侧，如作为重要的枝来使用，有很多不太满意的地方。因为间隔过大而切掉的话，右半边就会消失。在3个分叉状的枝中，剪掉中央的1个。其他的枝也是相同的处理方法，多蟠扎一点也没问题，为了促进芽的生长，等到芽数增多时再进行剪切操作。

操作前。

切枝和蟠扎后。

A
现在的样子也能愉快地制作

　　主次干分开的角度过大，需要用蟠扎来调整，修正过于前倾的主干（头部），但这次将推迟进行这些操作。如果要做的话，这棵树下半部是直干状态，应使其稍微往前倾斜些，也可以用铁棒捆绑等进行操作。

　　这棵树应该是快进入完成和维持阶段了，但枝数留下了太多，切除工作也不足，枝叶内侧也有衰弱的迹象。枝数太多，不单是外表看上去年轻，缺乏古旧感；在健康方面也会产生很多问题。实际上这棵树的枝头没能进行充分修剪，很多的枝是在无奈地被使用着。

　　现在把在使用范围内的枝进行修剪，今后的肥培管理和切芽等操作，都要以充实枝叶内侧的原则来进行。

整形后。树高 49cm。

B
强调时代感的修剪

　　上面 A 的操作是比较普通的，为了追求时代感，这样的修剪也是可以的。为了树的未来，再委托专家进行整形。

　　为了应对枝条作用的变化，正面也做出一些调整，将主干的前枝 b，作为重要的枝来使用，将最下枝 a 去除掉。另外去掉 a 后，作为新的主干最下枝的后枝 h 和将来会变强的头部后枝 i 等也要去除掉。这次操作大幅度减少了枝数。

　　下枝 a "作为重要的枝还有些弱"，不只是因为细，还因它要穿过枝叶内侧。原本树势较弱的下枝，因在上部枝叶的阴影下，将来枯萎的可能性很高。将 a 拔掉的话要尽早进行。

　　枝数少容易做出老树的韵味，但把整个树姿修整好也是很难的。一般爱好者的话，动手前要认真考虑清楚。

整形后。

活用树干风格的枝

对应变更的正面而进行的整形操作。作为新枝的 b，也修整成了"落枝"的风格。

整形前的正面、侧面没有枝的地方很多，所以才变成了很难整理的状况。将树冠或留下来的后枝充实的话，正好可以改善空旷的空间。

顺便说一下头部里面的空间之所以显眼，是因为在修正头部前倾时，想到了树冠部会被覆盖，同时也是为了抑制头部的树势。

枝条的作用是把主干的风格衬托出来，并与主干融合为一体。这种枝过多的情况，主干就会被覆盖隐藏起来，不能发挥原本的效果。通过盆景的修枝和整形操作，才能把树干的风格充分体现出来。

整形后。树高 47cm。

左侧面。

新的重要枝（上面）。再整形后。有个穿过枝叶内侧的枝，如加上金属丝的刺激、抑制芽头和改善日照，其上面发芽的可能性很高。如果芽长出来的话，也能成为枝叶内侧的枝。

盆对时代感的影响

移栽要等到适合的时期进行，还要先挑选合适的盆体。

从现在使用的盆来看，这是个较薄的长方体的盆。这棵树适合与没有外缘和云型脚的盆搭配，现找到的是下面两个盆。从适配的角度来看，两个都不错，但是从时代感考虑的话，两个盆有很大差异。

像这棵年轻的树，现阶段将其放入新盆培养，使盆增加时代感，这是一般的做法。相反将树放入旧盆中，只增加树的时代感，这种匹配也是有的，可以说是很独特的选择。

适配盆1（新盆）

乌泥内缘胴纽切足长方盆（合成照片）。中国的盆具有出色的泥色。通常这样的盆就可以了，现在中国盆的造型、大小、色调等都非常丰富，很容易适配。泥土味是中国盆本来的特点，使用习惯后，其古色也是可以期待的。

适配盆2（旧盆）

紫泥切立椭圆盆（合成照片）。从底面的边缘是直线切成的形状（切立／圆筒形的陶具），边缘是单缘。是清爽型的较薄椭圆盆。也就是说被列入实用名器，与树融合为一体。这是具有百年前后的中渡（或是新渡）盆的魅力。整形之后，换盆的操作一般不会马上进行，这也是一个选择。

将普通的直干素材
改造成主干弯曲的盆景

作者／神谷和则
（爱知县丰川市千树园）

这是棵直立状并常年培养过的树。外观看起来多枝且长得很直，但是仔细看的话，根部长得很差，干和枝的粗细程度也不平衡，站立起来看的话，也有稍微弯曲的形态。还有枝的单调性和间隔过大等致命的问题。

恐怕树形的基本整理（整形）几乎没有进行过，这不像是一个能成三角形轮廓树的素材。枝条间隔过大也因常年的切芽而持续着，去枝和切剪操作的不足造成了现在这种情况。就这样制作直干树形的话，这棵树是看不到未来的。

但这棵树最大的魅力是老旧主干呈现出的沧桑感。从这一点看，成为斜干树形的可能性还是很大的，因此可以在主干加入造型，将树姿整理出来。

操作前正面。树高71cm。一看是很充实的枝，但间隔过大，且枝叶内侧的芽也没有能替换的，这是棵维护不足的树。

从侧面看。被认为是正面单调的造型树。

切枝后。为了解决粗细不均衡的问题，计划将中途出来的枝作为树芯。以这个构想来整理枝条。

为了强调造型，利用铁棒将主干弯曲。再以右上方留下来的枝作为树芯来进行制作。

对干部进行弯曲操作

整形后。树高45cm。整理后的树冠部，为了改善过于单调的状态，在有间隔的枝中加入了造型，枝顶变得更广阔了。通过改善培养的条件，树干上的新芽也有可能生长出来。现在干部的基础操作结束了，接下来为了使小枝生长得更充实，可以考虑枝的剪切替换了，这些操作都是对树进行修整的摸索。

30年的原始素材进行集中栽培

作者／漆畑信市
（静冈县静冈市苔圣园）

只有古韵魅力的素材

30年的小型素材。准备进行集中栽培，选择了比较细致的造型。

几年前集中栽培的双干素材，枝数比较少，有很多是腰部较高的形态。

集中栽培对根的处理

确认从盆里拔出来的根，较粗的根看起来已经被处理了。

根部处理后。看看根部有没有伸展开来，集中栽培的话，这样的根部伸展会很容易重叠的。

扒根结束。在集中栽培时，根部重叠多，妨碍到栽种，无论哪条根都要再次切短。

检讨配置的同时进行组合

漆畑先生准备好的是平石板，故意不顺着石头方向，而在相反的地方配置主树。

五干直立的集中栽培完成了。右侧是有意留下的空间，稍微有一点留多了。

右侧再放置一棵树，平衡性也不错。但是左右均等地铺开，会失去向左的流向。

这是爱好者培养了30年的素材，被塞进小盆，尺寸也是小型的，时代感很不错。但是腰部很高，如是单体的话，这是没法整理好的素材。漆畑先生发现其还有几棵兄弟树，并提案用几个素材组合在一起，进行集中式栽培的改造。把它们栽培在平石上，能体现出深厚的韵味。这弥补了单体不能观赏的缺陷，其改造的方法和过程值得仔细关注一下。

修整后。全高22cm。从右后方可以看到位置稍微修整过，活用了左边的流向而制造出的景象。

八房品种是因为变异产生的，比同一普通品种枝叶更小更密的品种，更利于制作成盆景。盆景界松柏类的八房品种，以虾夷松、五针松为首，还有杜松、杉、桧等，黑松八房也是存在的。在这里介绍八房的主要品种和其特色，还有它们的维护方法。

黑松八房平时被称为"八房"或"八方性"等。1948年以后丰桥地区培育出很多这样的品种，其中在1959年被命名为'万松宝'的优秀品种诞生了。当时除了"万松宝"以外，其他八房品种都没有什么名气。

丰桥系以外的八房品种也进行了不少的培养，通过生长的变化和枝的改变催生了'千寿丸''旭龙'等品种。还有作为短叶种的'寿'，是在1936年被发现的，之后小林宪雄老师将其命名为'寸梢黑松'，这个品种矮性度比较强，被人广泛熟知。

八房品种篇

黑松八房的祖树在 1945 年以后被发现，经由爱知县丰桥地区的先驱者进行繁殖培养。为了追求珍贵的品种，并与投机色彩较浓的虾夷松和五针松等八房热门品种划清界限，爱好者们对喜欢的黑松进行了栽培。

最初播种是在 1949 年。播种和树苗养成最繁盛的时期，是在 1955 年到 1965 年。初期大部分是没有被命名的品种，但是似乎也有被称为"黑松八房"的。从那个时候开始制作的树木到现在已经生长 65~75 年了。

对黑松八房来说，最为遗憾的是完成很好的作品实例非常少。为什么会有这样的情形出现，与黑松制作和复杂的盆景界历史有关。

八房品种的培育的最盛时期，正好与"直干热"相重合，这是非常不幸的。1965 年以后，普通品种的黑松能够展开多种多样的树形，但在八房品种中直干树形就占据了很大一部分，还有"拔掉三面叶子"等定型的做法也是没有优秀作品的原因之一。对此大家的评论是，无论哪个作品都有"似曾相识"的缺点（前人已经做了很多努力，其缺点的修正只能靠后人来进行了）。

由于黑松短叶法的普及，使普通品种也可以很容易地完成短叶的操作，这也对其有很大的影响。再加上也有反对"八房热"的势力，一听到"八房"就讨厌的人也有很多。

盆景爱好者迅速增加是在 1975 年以后，黑松在日本变得大受欢迎，大量的树苗被培养出来。源自丰桥地区的黑松八房其魅力并没有被认知，而是沉浸在了黑松普通品种的大海之中。

黑松八房的渊源

现存的八房多从在照片中展示的祖树上采种的。祖树发现的经过在日本《盆景》杂志的 1954 年 12 月号的文章《关于三河松（珍贵种）的座谈会》中也有介绍，是在 1948 年由大野米次先生发现的。之后以大野先生为首的爱好者，依次进行了采种、生长、选拔优秀株等工作。大野先生是黑松培养和制作八房的先驱者，他生于 1900 年，因其对盆景发展的贡献而受到协会的表彰。他也是黑松八房'万松宝'的出品者。

丰桥系黑松八房的祖树。日本《盆景》杂志 1954 年 12 月号，黑松大树的枝开始变异，也就是逐渐石性化。变异部的枝条根部直径在 30cm 左右，凭枝的自重就可以垂到地下，而且叶子也都叠在一起，呈现出茅草屋状。

这棵祖树从采种开始，到 1959 年因伊势湾台风（15 号）被吹断下枝的 10 年间一直在进行维护培养。在这期间以大野老师为首，池田浅次郎、伊藤安治、金子菊次、高桥隆、山本高太郎、河合治三郎、辻村美咲、小川京市、天野道治、藤城武、牧野道治、加藤车华（年轻时的加藤明）、牧野武次等多位老师（前记座谈会出席者）都参与了生长和育种繁殖的工作。也进行过嫁接实验，但存活率和生根的效果都很差，无论在实生苗上繁殖，还是从嫁接树（从根部接）上来培养，这些方法至今都没有什么进展。

前人辛苦培育出的黑松八房就这样埋没了，实在可惜。

八房品种发芽很好，芽也生长得很小，还有其叶子与普通品种相比短且刚直，即使不切芽，枝头也会自然的松弛，是很容易制作的一个品种。切芽的话，短时间内枝数会增加。

这是一个任何树形都可能创作的品种，稍加培养就会意外地在干部呈现出时代感。因成型的树会变粗，八房品种对以制作为乐趣的爱好者来说是最适合的素材。

对普通品种的切芽或叶子的修整过程是被很多人所喜爱的。但是八房不进行切芽，其自然生长的枝头也别有一番特色。对八房修剪叶子时，要注重观察每一个芽、每一片叶子的长短，来进行全体的修整，有时候切过芽的树会有"整理过头"的感觉。

叶子和芽的修剪，正是八房独特的魅力所在。

八房虽和普通品种的培养方法有共通的地方，但要完全发挥它的魅力，就要采取适合八房的维护方法。

五叶松的普通品种和八房品种的维护手法一样，对芽数特别多的情况下，要进行切除是很重要的，切除不足将招致枝叶内侧的衰弱。八房主干的芽很容易发芽（枝头的修剪会很有效），这虽是一个有利点，但任凭枝叶内侧的枝过度发育的话，其恢复也需要一定的时间，为了不使其衰弱，一般不这样做（具体的维护方法在下一页介绍）。

八房不进行切芽和去除旧叶也是可以的，只做切除就可以维持树形，其优点和魅力即使在短叶法普及的现在，也还秘藏着巨大的潜在价值。

黑松八房。树高 55cm，盆为椭圆盆。1945 年播种被称为"黑松八房第一号"，是大野米次老师秘藏的树。

黑松八房。树高 70cm，盆为长方盆。插枝的制作效果是受作品"瑞祥"的影响。其树冠的薄厚程度，呈现出八房的特征。

黑松八房（附上石头）。全高 37cm，水盘为椭圆盘。附上石头的创作案例，和虾夷松八房一样，适合附上石头。

黑松八房的芽数非常多，这是其特征。其叶子比普通品种更短，因会停止生长，所以不进行切芽也可以把叶子修整好，再加上枝头自然的松弛，制作枝叶也变得非常容易。但是不把八房品种的特性了解好而进行维护的话，其发芽的质量会很差，甚至会导致崩坏。

在这里介绍的直干黑松，是实生树生长变化来的八房品种。轮廓基本上已经完成，但芽混杂生长在一起，其培养条件有恶化的可能。在秋季的修剪期（操作在 11 月 15 日），要结合八房品种的特性，进行小枝和芽的修剪。

操作前（11 月 15 日）。树高 54cm。由于 40 年的生长，树发生了变化，这是棵具有特殊性叶子的八房素材。经过培养，树形基本上完成了，由于八房品种特有的发芽与枝冠的密集，在整理轮廓的同时，要定期去除一些枝。现在的状况是小枝混在一起，下枝也给人很低的感觉。

前端部的拔芽

枝的前端。明年要发的芽已经准备好了（今年夏天没有切芽所以不是二次芽）。众多芽存在的时候，首先取下最强的芽，有三四个芽的情况下，去掉两三个也可以。

发芽比较好的八房品种，无论如何要将前芽取下来。留下较小的芽，以抑制强力枝的生长力，使树全体的芽力得到平均。

枝叶内侧芽的拔芽

去掉不要的无用芽，改善内部通风和采光条件，预防枝头将来变得过粗。

枝叶内侧芽处理后。像这样处理后，第二年还会发芽。普通品种的话，有意识地对芽进行抑制，才不会发芽。八房品种的话，枝叶内侧的芽会自然地萌芽。去掉不要的芽，能用的芽（圆圈内）当然要留下来。

虽然今年夏天没有切芽，前端许多芽已经开始活动了。这根枝的前端变成了三叉。

从中央长出来的特别强的芽，要从源头剪掉。如果不修剪让枝生长的话，枝头就会变粗，如之前所介绍的，在芽活动之前对芽进行修整是最理想的。

修剪后。变成左右两叉的枝岐是基础。还要防止枝头过于混乱和过粗的现象。

切芽和去除旧叶后。

数年前被认为没有问题的左下枝，也因旺盛的生长而变粗，并感觉到有点低。这次操作，要将枝从根部切掉。

为了促进愈合，要用锐利的刀在切口处重新削。

重新削后，为了不让伤口晒伤，涂上愈合剂。

操作后。树高 54cm。因为切掉了左下枝，树姿变得紊乱了。这时也可以蟠扎整形，但要疏叶后进行，这样的话就会很轻松。接近完成阶段的八房，切枝和疏枝也是不可缺少的。

121

八房品种直干树形的去枝案例

爱知县丰桥市

这是棵生长了20年以上的素材。从叶性和芽的混合情况来判断，这是发生了变化的八房品种树。在树苗的生长期，就有意识地以直干树形来培养，以左、右和里面三处为基础来进行枝的制作，从这棵树上能够看出爱好者细心维护的痕迹。

此树符合八房品种的叶性和芽性，其枝冠的小枝很充实，确定树冠部后就可以进入观赏状态了。但是旺盛的生长使主干和枝骨变粗了，这会导致枝间隔变窄。这样下去的话，枝叶内侧的芽会衰弱，对培养来说会产生不好的影响。

众多的枝数及枝叶茂盛的状态，能使树看起来很年轻，但制作成大树的可能性不大。合适的枝间隔，能够表现出"像老树一样"，对于接近观赏阶段的树来说是很重要的。为了将来的成长，这棵树要进行切枝。

操作前正面（12月8日）。树高54cm。这是爱好者培养了20年以上的素材（山里生长的苗）。这棵八房品种树，有着密集结实的枝冠及充实的小枝。但是按照教科书上的枝条配置和三角形轮廓去做的话，作为盆景来说欠缺了个性。还有枝的间隔过于狭窄也是个问题，虽说是八房，但这样生长下去，枝叶内侧也会枯萎。

较低的下枝，研究左右的第一枝

①右下枝从源头修剪。左右的两个下枝，哪一个作为第一枝是非常难判断的。为了使主干变粗，选择最低的左下枝作为第一枝。将来拔掉左下枝的可能性也很高，那个时候将新的右下枝制作成第一枝也可以。

②剪掉与第一枝距离较近的左二枝，从枝根部切掉也可以，留下枝根部的小枝，这个枝将作为紧紧依附在树干上的前枝。

③修剪与下枝距离较近的里面的枝，这样的话主干就比较清爽了。

④将紧挨着右一枝上面的枝，作为右边的最下枝来使用，切掉与这个枝距离很近的上面的枝。

⑤再将上面的的枝切掉，要将上部的间隔整理得比下枝的间隔小。下枝切掉后，为了做成白骨化，要留得长一点，而上部要从枝根部切掉。

这是这次切下来的枝量。实际上一半以上的芽被拔下来了。即使是芽数众多的八房品种，要进行这种程度的修剪也是需要勇气的。

右一枝和里面的枝修剪后（右侧面）。后方留下来的枝还有很多。

切枝结束（右侧面）。里面的枝感觉有些高，用金属丝蟠扎往下调整，就能达到合适的平衡状态。

去枝3年后枝冠的变化，古树感显而易见

修剪4年后的样子。枝长得很充实，尽管减少了很多枝，只有顶部独立了出来。右一枝和第二枝的空间，以及充实的顶部，都是由于中间留下来依附很紧的小枝所产生的效果。对于发芽状况很好的八房品种来说，大胆切除以维持树形是有必要的。

切枝结。树高58cm。像现在看到的切枝后的状态，就会觉得左一枝和上面的第二枝之间的间隔太大了。但是要填补这个空间的话，就要用到在中间切枝时留下来的小枝。考虑到树的负担，切枝后的整形要推迟。由于八房的特性，这种程度的枝间隔也能取得平衡。

从短叶品种「寿」来看小枝的疏枝

香川县高松市

黑松的品种'寿'不是八房系统的品种，叶子很短就停止生长，而且枝间间隔也很短，是短叶品种。虽然没有八房品种那样茂盛的发芽，但因间隔比较短的芽容易混合在一起，培养的条件容易变差，因此和八房一样，疏枝是不可缺少的。下面来看一下疏枝的例子。

'寿'（嫁接 15 年）。树高 60cm。

小枝进行疏枝后。这是个以黑松为本体进行嫁接的换装素材。

展现出和八房品种一样充实的枝，芽的生长并不少，且间隔紧凑，形成了密集生长的分枝。这样下去的话，枝叶内侧的芽会晒不到太阳。

疏枝后。将芽（枝）集中长出来的部分进行疏枝，以改善培养条件。间隔不易变大，更符合盆景的要求。小枝疏枝和修剪后，枝的制作将不会很难。合适时期为 11 月至翌年 2 月的休眠期。切芽的同时进行疏枝也是可以的。这个素材因为采访的原因 5 月就进行了操作。

枝间距离较短时进行疏枝操作

枝间距离短且密集生长是'寿'的特征（左）。这样下去的话，培养条件不仅会变差，枝根也会变粗，导致粗细度失调。从芽的方向和平衡来看，要适当地增加间距（右）。

修剪较强的枝用小芽替换

在较短的距离有分叉，和其他枝相比有些粗（左）。正下面就有小枝，修剪到这个位置（右）。像这样修剪，对于维护枝叶内侧是很重要的操作。

■ 修剪的方法和适合期

适合小枝的修剪时期是在 11 月至翌年 2 月的休眠期。在较细的分叉枝中，用较强壮的粗枝制作分叉的枝岐。还有在树势较强的部分，数个芽会在固定的一个地方发芽。像这样的芽，要在新芽长出来之前，拉开一两个芽的间距。如果懈怠了芽的整理，许多芽就会长出来，枝叶就会像球状一样膨胀，球状枝对于盆景来说没有未来，新芽、枝干上的芽和小枝的修整要严格进行。

■ 比普通种的切芽时期要早

八房品种的芽在很短的时候就停止生长了，比普通种要更早进行切芽，较短的叶子也要整理齐。比普通种早半个月切芽，二次芽也不会极端的长。

切芽后，树冠部等树势较强地方的芽，会长出很多的二次芽和枝干上的芽，对这些二次芽的整理是重点。切掉生长较强的芽，使用较弱的芽，要有意识地抑制生长力，并进行芽的修整。对树势特别强的部分，还需要将其修整至枝内芽的位置进行替换。

■ 管理和普通品种相同

芽容易混杂在一起，造成日照不足或群聚等使培养条件恶化，有必要留意一下。秋季修剪的时候，同时要进行疏叶的操作，以改善日照和通风条件。

移栽或整形等操作，和普通品种在同一时期进行，方法也是一样的。其他像用土、灌水、施肥、消毒、放置场所等培养管理条件也以普通品种为准。

新芽集中发芽的枝头（左）和放置的枝（右）。这种情形肯定要发芽的，等叶子展开就会变成圆圆的球状。这样的枝不适合盆景，必须要去除一两个芽。

新芽集中发芽的例子

①前端集中发芽，这根枝可以确认大小共计 6 个芽（八房品种'千寿丸'）。

②如果放任不管的话枝头就会变粗，留下 2 个芽，再进行剪切。但是较强的枝，这种程度是抑制不住的。

③全部的芽都切除了。和切芽是同样的状态，树势比较强的地方，即使加强了抑制，二次芽和干部芽还是会长出来。

④旁边有较小的芽，替换掉也可以。如果要替换的话，即使切短一点也不用担心枝会枯萎。

对应树势极端强的部分

树冠部的状态。强力的芽集中在一个地方长了出来（'千寿丸'的例子）。

切掉所有新芽，剪切调整到前年叶子的位置。抑制得已经很充分了，但仔细看，侧面有小芽，这个芽有较强生长的可能性。

剪切到更深的位置，因树势比较强，并且还有旧叶，二次芽发芽的概率很高。不管发不发芽，底下还有芽，所以没有问题。这是八房品种特有的修剪方法。

图书在版编目（CIP）数据

黑松盆景造型实例图解 /（日）近代出版株式会社编；
贺寅秋译 . — 武汉：湖北科学技术出版社，2021.1

ISBN 978-7-5706-0723-5

Ⅰ . ①黑 … Ⅱ . ①日 … ②贺 … Ⅲ . ①黑松—盆景—
观赏园艺—图解 Ⅳ . ①S688.1-64

中国版本图书馆 CIP 数据核字 (2019) 第 132320 号

本书简体中文版专有出版权由近代出版株式会社授予湖北科学技术出版社。

未经出版者预先书面许可，不得以任何形式复制、转载。

湖北省版权局著作权合同登记号：17-2018-310

原书名：作業実例から学ぶ 黒松盆栽（2014）

黑松盆景造型实例图解
HEISONG PENJING ZAOXING SHILI TUJIE

责任编辑：许　　可
封面设计：胡　　博
出版发行：湖北科学技术出版社
地　　址：湖北省武汉市雄楚大道 268 号（湖北出版文化城 B 座 13—14 楼）
邮　　编：430070
电　　话：027-87679468
网　　址：www.hbstp.com.cn
印　　刷：武汉精一佳印刷有限公司
邮　　编：430034
开　　本：889mm×1194mm　1/16　8 印张
版　　次：2021 年 1 月第 1 版
印　　次：2021 年 1 月第 1 次印刷
字　　数：190 千字
定　　价：118.00 元